科学蒲公英系列

走进天文

编　著　科学蒲公英工作室

负责人　张　恺
撰　稿　赵之珩　刘　洁　纪宝伟
图　片　马　劲
编　审　马　劲　李　响
顾　问　李　刚　张　丽　娄立新
　　　　孟新河

U0324690

图书在版编目（ＣＩＰ）数据

走进天文/科学蒲公英工作室编著. — 天津：天津科技翻译出版有限公司，2016.10（2018.1 重印）
（科学蒲公英系列）
ISBN 978-7-5433-3641-4

Ⅰ.①走… Ⅱ.①科… Ⅲ.①天文学－青少年读物
Ⅳ.①P1-49

中国版本图书馆CIP数据核字(2016)第237268号

出　　　版：天津科技翻译出版有限公司
出 版 人：刘 庆
地　　　址：天津市南开区白堤路244号
邮政编码：300192
电　　　话：（022）87894896
传　　　真：（022）87895650
网　　　址：www.tsttpc.com
印　　　厂：北京博海升彩色印刷有限公司
发　　　行：全国新华书店
版本记录：710×1000 16开本 11印张 10万字 210幅图
　　　　　2016年10月第1版 2018年1月第三次印刷
　　　　　定价：35.00元

前　言

人类的文明，是从望天、观星开始的。早在五千年前，我们中华民族的祖先就探索了星空运转的规律，掌握了四季循环的周期，确定了月相往复变化的真谛，做到了适时播种、适时收割，大力发展了农业。我们今天使用的农历，就是从夏朝开始的，因而也叫做"夏历"。

自古以来称有学问的人"上知天文、下知地理"是有道理、有根基的。

现代科学的发展，也是以天文学作引导的。天文学的发展促使着各门科学的进步。各门科学的发展，又有利地推动着天文学在前进。我国的航天员在不久的将来一定会登上月球、移民火星。由望星空转而为"触摸星球"，这又会极大地开阔人们的眼界，开拓新的疆域。

一个人的智慧启蒙，也是从望天、观星开始的。几乎每一个人在幼年时代，都会向父母发问：月亮为什么有圆缺变化？太阳为什么会发光？星星为什么会眨眼睛……稍长大一些，到了小学阶段还会问：宇宙是怎么来的？黑洞是怎么一回事？有没有外星人……他们被这一切秘密所困扰。他们在思考、在探索、在求知着……因此，开设天文课正是顺应了时代的潮流和孩子们的迫切需要。

开设天文课，就必须完善系统的天文课本。在之前的教学实践中，编者一边上课、一边编写：通过上课，摸索他们最迫切的需求；通过搜集资料，取得他们最渴求的内容；根据他们的年龄特点，以故事的形式，满足他们的心理需要。

此次由天津市青少年科技中心科学蒲公英工作室联合天津市天文学会、天津市青少年科技教育协会一起，由天津市青少年科技中心开发、设计、组织编写的这套《科学蒲公英系列》丛书，是我们根据小学生的认知发展水平，对之前的大量的教学实践进行总结，而进行编写的。全套共 3 册，面向小学 3~5 年级的学生，对有意向开展天文校本课程和天文社团的学校提供指导和帮助。本套丛书将为学校特色教育、天津市天文教育的普及起到积极的推动作用。

本册面向小学生，提供科学启蒙天文知识入门的学习内容，讲解太阳系及天文的基础性知识，让孩子们对太阳系及宇宙有宏观上的理解，通过月球对卫星有所了解，通过太阳知道恒星的原理，通过太阳系的 8 颗行星的学习，认识不同行星的特点。学习人类在观测地球围绕太阳旋转的过程中，时间及历法的产生的原因和内容。第二册面向四年级的孩子们，讲解小学生喜闻乐见的星座内容，我们用科学的方式来介绍一年中的典型星座，讲解星座的划分、星座故事、星座中的亮星及美丽的星云的知识。第三册面向有一定的天文基础的五年级孩子，讲解户外观测及动手操作内容。我们这门新的课程引起了同学们极大的兴趣。在每一节课上，每位同学都睁大了眼睛看着课件上那一幅幅天空的图画，洗耳聆听着娓娓动人的故事，感受着那些迷人的知识，思索着深空里的未知情景，探索着一个个宇宙的奥秘。

每课除教学内容外，还设计相关课外知识阅读、知识练习检测、动手操作等环节，力求让天文课堂丰富多彩，让孩子们喜欢，让老师便于教学。经过三年的学习，孩子们可以看懂相应的天文书籍及报道，了解天文名词，对天文及航天方面的新闻事件充满兴趣，能够简单操作望远镜等观测设备。对天文感兴趣的孩子，在离开小学课堂后，能够自己自学相关的天文知识。

我们希望校本天文课的开设，极大地丰富学生们的课外生活。每到晴天的晚上或是日出前的清晨，都会有人举目望天，送走西天的弯月，迎来东升的启明。在灿烂的星光之下，人们向往着，在意想不到的夜晚，出现漫天飞舞的流星雨，等待着拖着长长尾巴的大彗星的出现。无限的激情在幼小的心灵里荡漾，使他们不由得拿起笔来写诗歌、画星图、编故事、写畅想曲、描绘宇宙空间的未来、召唤上千光年之外的外星人……

在教材编写的过程中，得到了各主管单位领导和行业学（协）会专家的支持与建议，在此一并表示感谢，并预祝所有能够开设此门校本天文课的学校，不断创新，开花结果，培育大量终生喜爱天文学的人才，每年都有新的成果奉献给未来。

科学蒲公英工作室

目 录

CONTENTS

第 1 课

走进天文学

　　天文学是最古老的一门科学。古代人为了适合农耕的需要，仰观天象、辨别方向、判断季节、划分节气，这便是天文学的萌芽。中国是天文学发展最早的国家之一。到了现代，天文学更有了长足的进展。我国正在准备着实现几千年以来"嫦娥奔月"的梦想，并且向火星进军。天文学既和我们的生活紧密相连，又集中了人类认识自然的精华。许多同学对于天文现象充满兴趣。从今天起，我们将一起学习天文、走进天文。

☆ 有趣的天文现象

　　早晨，太阳在东方喷薄而出，光芒万丈。太阳不停地上升，我们把这半天叫做"上午"；过了中午，它又开始下降，我们把这半天叫做"下午"。黄昏的太阳越来越低、越来越大、越来越红，终于落在了西方地平线以下。晚霞渐渐褪去，黑夜降临了。

图 1.1　日出时椭圆红彤彤的太阳

　　天边显现出了弯弯的月亮，像一只银色的小船，飘呀、飘呀，飘向西天。满天的星星朝着我们调皮地眨眼睛，它们忽闪忽闪地放射着光芒，好像在问："你知道我是谁吗？你能像认识班上的同学那样，叫出我的名字吗？"

图 1.2　月夜

　　在那些奇妙的夜晚，天空还会出现一道道亮线，它们匆匆地划过天空，像是朵朵焰火，飞向四面八方，这就是壮观的"流星雨"。有的流星还会直接掉到地面，下一场"陨石雨"，在那附近你说不定会捡到陨石呢！

图 1.3　星空

　　上面的这一幅幅场景，都属于天文学的范围。

⭐ 什么是天文学？

　　要解决这个问题，需要划清三个界限。

　　首先，要知道天文学和气象学不同。地球表面有一个大气层，这是风云雨雪、霹雳闪电表演的大舞台，这都属于气象学研究的范围。在大气层之外是广

阔的宇宙[1]空间，这里存在着各种各样的天体，这是天文研究的范围。天文学与气象学的分界线就在地球大气层的边界。

第二，要划清天文与地理的界限。我们居住的地球也是宇宙中间的一个天体，如果把地球放在宇宙里，作为一个天体来研究，那就属于天文学；如果研究地面上的山川河流、水陆分布、城市位置，就属于地理学的范围了。

第三，要区别天文与航空航天。航空航天与天文完全是两个领域。航空航天是飞行器在大气层及宇宙空间中的航行活动，而天文是单纯研究宇宙的自然学科。

总之，概括成一句话来回答：天文学是研究宇宙空间天体、宇宙的结构和发展的学科。通俗地说，天文学是研究日月星辰的科学。

☆ 实地观测是学习天文的重要方法

天文学是观测与思考紧密结合的一门科学。

不论是古代人还是现代人，都是在观测与思考中学习和研究天文学的。同学们，你们是否问过大人这些问题：早晨和黄昏的太阳为什么又大又红？月亮

图 1.4 天文活动

为什么有时弯弯的、有时半圆、有时又圆满？星星为什么会眨眼睛？流星为什么会掉下来？地球上为什么会有一年四季……这些问题在我们头脑中反复出现，一边观察着，一边思考着，不断地探寻着答案，这就是在学习天文学。以后的课程中我们会学到红色的火星、带着光环的土星、靓丽的金星、北斗七星……在夜晚要想方设法一一找到它们，就要坚持观测，有条件的同学还可以使用天文望远镜仔细地观测它们。只有这样，才算真正地进入了天文学的大门。

课内活动

区别天文与气象

（1）日晕。

图 1.5　22 度日晕

（2）流星。

图 1.6　流星

（3）彩虹。

图 1.7　双彩虹

（4）日食。

图 1.8　日全食

（5）在猎户座里有一片大星云。

图 1.9　猎户座星云

区别天文与地理

（1）在蓟县中上元古界看到的出
　　　露地表的 18 亿年前的岩石。

图 1.10　中上元古界地质剖面

（2）我国科考队员在南极雪地里捡
　　　到的陨石。

图 1.11　新疆铁陨石

（3）地球是太阳系一颗行星。

图 1.12　行星绕太阳公转示意图

（4）火山喷发形成的长白山天池。

图 1.13　长白山天池

（5）火星上的奥林匹斯山。

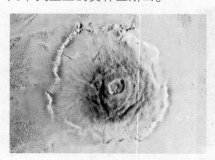

图 1.14　火星奥林匹斯山

区别天文与航天

（1）我国于 2013 年 12 月 2 日向月球发射"嫦娥三号"探测器。

图 1.15 "嫦娥三号"探测器

（2）科学家根据"嫦娥二号"探测器的探测数据绘制月球物质成分分布图。

中国首次月球探测工程全月球影像图

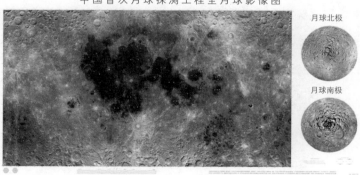

月球北极

月球南极

图 1.16 "嫦娥二号"拍摄的月面全图

（3）美国"发现号"航天飞机在
1984 年 8 月至 2011 年 3 月
间，共执行 21 次飞行任务。

（4）世界上最大单体射电望远镜
FAST。

图 1.17 已经退役的
"发现号"航天飞机

图 1.18 FAST

一起列个天文小清单

　　我们初识天文，知道了天文的初步定义之后，列个天文小清单，说一说你有哪些天文小问题需要解决？哪些天文知识想要了解？当我们课程结束时，看看哪些内容已经解决，哪些还没有解决。如果你能够自己通过书籍和网络提前知道这些问题的答案，也请你及时把这些知识和同学还有老师分享。

序　号	天文问题	解决时间	解决方式

名词解释

【1】宇宙——我国战国时代尸佼所著《尸子》说道："四方上下曰宇，往古来今曰宙"。这是迄今在中国典籍中找到的与现代"时空"概念最好的对应。宇宙是万物所在的空间和时间的总称。

拓展阅读

室女座的故事

很多优美动听的星空神话和传奇故事，都反映了人们仰望星空时的思考和对探索星空奥秘的向往。这个故事就蕴含了对四季产生原因的探究。

有一天，农业女神德墨忒（tè）尔的女儿在花园里采花，准备做一个花篮献给她的妈妈。突然，地面上出现了一道裂缝，从里边走出了可怕的冥王哈德斯。哈德斯对女孩儿一见倾心，便一把将她抱起来，跑进了黑暗的地狱。后来，德墨忒尔思念女儿心切，无力照顾人间作物，大地陷入一片凋零。天神宙斯不得不出面协调，可此时女孩儿已经吃过冥界的食物，并且已被哈德斯的殷勤和真心打动无法回到人间，只好最终商定德墨忒尔每年有三个月的时间和女儿团聚。在这三个月里农业女神便不出来管理农业，这就是万物凋零的冬天。其他时间为百花开放的春天、炎热的夏天、丰收的秋天。这就是一年四季的"来源"。

图 1.19 德墨忒尔管理人间四季

当然，这只是一个神话。人类经过了几千年的观察、思考、探索、研究，已经掌握了很多的天文知识。对于四季的形成，已经有明确的解释，在以后的课程中会学习到。

数星星

学习天文学，不能只停留在课堂上、书本上，而是要以星空为伴，积年累月地守望星空，仰观天象。只有这样做了，我们才会从中学到无穷的知识，享受无限的乐趣。让我们从第一节天文课就开始观察星空吧！最好请家长陪着一起做这件事。

步骤

1. 星光暗弱，很容易被地面灯光淹没，所以选择一个晴天的夜晚，和三五位同学约好时间，各自选择灯光比较少的不同地方，估算天空被云或其他建筑物遮挡的比例。

2. 眼睛适应了黑暗状态后就会看到更多的星星，所以在观测前要抬头盯着夜空看 10~15 分钟。

3. 开始观察，数一数你能看到多少颗星星。如果能将你观察到的过程和内容用一个本子记录下来，你会有重大发现。

4. 随时向你的天文老师汇报你的发现，和你的同学分享、交流结果和体会。

第 2 课

地球的运动

当我们坐在前进中的汽车上时，会很清晰地看到窗外的树木、房屋不断向后退去。在高速行驶的高铁上，窗外景物飞逝的速度更快、更明显，也正是这个现象才让乘客感到平稳舒适的列车是在快速前进。

其实，地球就像一辆更高速且更平稳的客车，在环绕太阳的轨道上前进着，同时在不停地自转。那么，我们能否看到地球外"景物"的退行现象呢？

⭐ 自转

在太阳系形成的原初动力下，地球产生自转，犹如旋转的陀螺，转动的轴心就是地轴。地球绕地轴自西向东旋转，如果从北极点上空俯视地球，它就是逆时针转动。地表的观察者随着地球自转，犹如坐在前进的列车上，地球外的景物，如太阳、月亮和星星就会自东向西退行，因此我们看到了它们东升西落。

所以说，我们迎接东方日出，目送夕阳西下，又迎来繁星漫天，实际上都是地球在自转，而不是太阳和星星真的在走，这种视觉错觉形成的运动叫"视运动"。

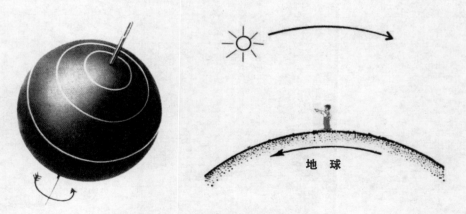

图2.1　地球自转

图 2.2　地球在宇宙中自转

　　地球自转一圈的时间是一天，日月星辰在一天内的东升西落叫"周日视运动"。

公转

　　地球另外一种运动是在太阳的引力作用下围绕太阳"公转"，一年转一圈，方向为逆时针。这个圈就是地球的运行轨道，地球大约每秒钟跑 30 千米，一年跑一圈。那么，在这一年中，地球身边的星星会有相应的视运动吗？答案是肯定的。

　　我们坐在公园的转椅上，背朝转轴，脸朝外面，看着四周的景物，会感觉到景物在反向运动着，周而复始变换着。坐在地球这个"转椅"上也一样：春天，我们看到了狮子星座，当大狮子一天天走向西天的时候，夏季的天鹅座升入天空。夏季星座向西而去，秋冬星座又升上天空，这种走马灯式的周而复始，不正是地球公转的反照吗？地球公转一圈是一年，一年中四季星座的交替出现叫作恒星[1]的"周年视运动"。

还有一种视运动也反映了地球的公转。

在地球绕太阳转动的一年中，也会产生太阳的视运动，由于太阳离地球比组成星座的星星近得多，用背景星座来对比和衬托，它的视运动就显而易见了。例如，每年3月12日至4月18日，太阳看起来在双鱼座中运行。

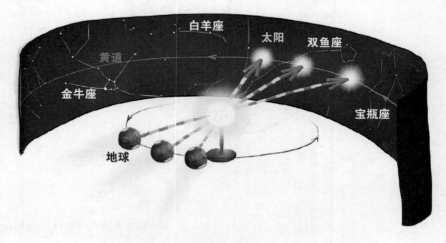

图 2.3　太阳周年视运动（一）

图 2.4　太阳周年视运动（二）

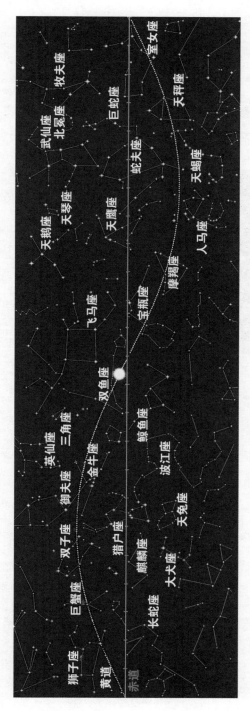

图 2.5 黄道星座平面展开图，显示太阳在双鱼座中

课内活动

1. "斗柄东指，天下皆春；斗柄南指，天下皆夏；斗柄西指，天下皆秋；斗柄北指，天下皆冬。" 这反映的是周日视运动还是周年视运动？

2. 我们看到日月众星的运动，为什么叫作"周日视运动"和"周年视运动"？这个 "视" 字是什么意思？

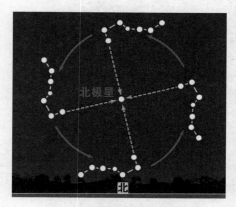

图 2.6 斗柄方向

名词解释

【1】恒星——像太阳一样能自己发光的天体。夜空中，我们肉眼看到的漫天繁星，除了金星、木星、水星、火星和土星，其余都是恒星。

拓展阅读

人类认知地球运动的过程

在我国古代就有"天圆地方" 的说法。到了公元前 5 世纪，毕达哥拉斯认为球形是最完美的形体，由此提出地球和其他所有天体都是球形的。公元前 350 年，亚里士多德通过观察月食，认为那是地球在月球上的投影，提出了地球是宇宙的中心。公元 140 年，天文学家托勒密，提出了完整的地心说。用人们能够看到的太阳、月亮以及金木水火土五颗行星，做出了它们围绕地球东升西落的模型。

16 世纪，波兰天文学家哥白尼，在大量观察和研究的基础上，提出了日心说理论，即太阳是宇宙的中心，包括地球在内的行星都是围绕太阳旋转的。科学家开普勒提出了天体沿椭圆轨道运行的理论。伽利略更是用自制的望远镜观察天体发现了太阳黑子、月球上的环形山、木星的卫星、金星的相位变化⋯⋯这些研究都为日心说的理论奠定了基础。但同时，这些掌握着真理的科学家却遭受到了迫害：伽利略被终身软禁，布鲁诺被活活烧死⋯⋯

这些残酷的现实不能阻挡人类认识地球和宇宙的脚步。牛顿制作出了反射式望远镜，提出了万有引力定律。天文学家哈雷用几何方法推算出了测地球和太阳间距离的方法，成功预测了哈雷彗星再次光临地球的时间。赫歇尔兄妹利用自制的望远镜发现天上的银河，是由恒星组成的。科学家哈勃用大型天文望远镜观测到了银河系外由无数颗恒星组成的星系，人类对地球以及整个宇宙的认识不断开拓。

课后实践

观察"地球的运动"

学习了这一课，我们已经知道了地球在不停地运动着，可是我们能不能观察到这种运动呢？来试一试吧。

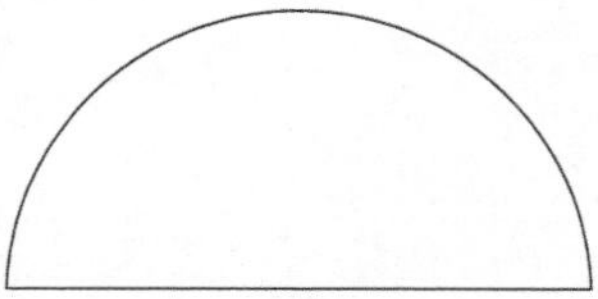

观察日期：_____ 观察者：_____

图 2.7

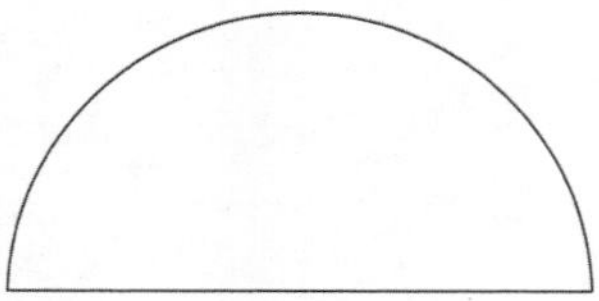

观察日期：_____ 观察者：_____

图 2.8

步骤

1. 准备工作。观察地面景物并画在两幅图的地平线上，选择最典型的建

筑物放在中间作为参照物。

    2. 观察地景上空，找到一颗亮星，把它画在图 2.7 中与地面风景一致的位置上，记上精确时间。2 个小时后，再出去观察这颗星，把它画在图 2.8 相应的位置上。

    3. 对比两幅图中这颗星星与地面中间参照物的相对位置，思考：星星是否发生了"移动"？原因是什么？

第 **3** 课

认识方向

认识方向不仅是一项野外生存本领，更是观测的必备基础技能。几千年来，人类不仅创造了星座文化，也在日积月累的观测思考中发现了星星暗藏的规律，比如指引方向。

★ 用太阳测方向

日影

古人看到，每天早晨太阳升起来的时候，人的影子很长，随着太阳的升高，人的影子越来越短；到了正午的时候，太阳升到了最高处，人的影子最短；过了正午，太阳开始下落，人的影子越来越长；黄昏快日落的时

早晨的影子 中午的影子 傍晚的影子

图 3.1 日影

候，人影最长。于是他们在地上立了一根垂直的杆子，在正午前后测量影子，寻找一条最短的影子，画成一条线。朝着太阳的一头叫做"南方"，另一头叫做"北方"，这就是"南北线"，也叫"子午线"。人们面朝南方，后背朝着北方，伸出左手指向东方，伸出右手指向西方。我国在 4 000 多年前就有了"周公测影台"。

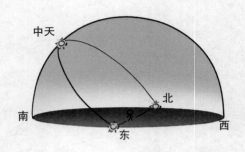

图 3.2 太阳在天空中位置最高时称为中天，中天时太阳在正南方向

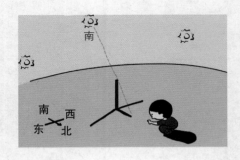

图 3.3 太阳在正南时杆子的影子为南北方向，且太阳在正南时最高，因此最短的影子就是这条能指南北的线

图 3.4　周公测影台

图 3.5　天津耀华中学星缘天文社团的学生们正在测量日影的照片

⭐ 用表盘测方向

准备一只指针式的手表，调准时间，然后水平放置表盘，把时针指向太阳的方向，时针和 12 点之间的夹角平分线刚好指向南方。

图 3.6　角平分线

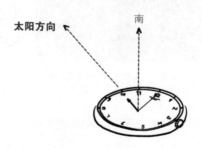

图 3.7　绘制表盘上的 10 点钟，时针指向太阳，与 12 点之间画角平分线指向南方

太阳在天空中视运动一圈为 24 小时，因此每天 24 小时中的时刻都会对应一个空中太阳位置，而表盘一圈是 12 小时，因此时针指向太阳时，不是 12 点方向为正南，而是夹角平分线方向为正南。

用星星测方向

北极星就是夜间的"指北针"。要找到北极星，首先要找到北斗七星。

北斗七星是中国古代的称谓，它属于大熊座，是大熊的"屁股"和"尾巴"。勺口上两颗中国星名称为天枢（shū）和天璇（xuán）。将两星的连线延长5倍，正好找到北极星，北极星是离北天极[1]最近的一颗恒星，找到它就基本找到北了。

课内活动

读一读

一二三四五六七，七六五四三二一，

一天一夜转一圈，一二两星指北极。

你面向北极星，前方是北，左手是西，右手是东，后背是南。

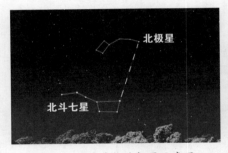

图3.8 从北斗找北极星示意图

图3.9 从北斗七星找到北极星并投影到地平线上找出北方的平面立体图

地球围绕穿过南北极的假想轴自西向东转，星空绕北天极自东向西转，因此北斗七星围绕北极星转动，并全年在地平线上可见，所以，全年都可以利用北斗七星寻找北。

做一做

1. 在一天当中，什么时候太阳在天空的位置最高？＿＿＿＿＿＿。

2. 在一天当中，什么时候太阳的光线最足？＿＿＿＿＿＿。

由前面的两个问题能得出一个什么结论？＿＿＿＿＿＿＿＿。

名词解释

【1】北天极——假想将地球自转轴从北极无限伸长，会与天空相交于一点，这点就是北天极。地球绕自转轴自西向东转，星空绕北天极反方向视运动。通俗地讲，北天极就是地球北极的正上空。

拓展阅读

说文解字话四方

东，《说文解字》记载："东，动也。从木。官溥说。从日在木中。凡东之属皆从东。"古文的"东"是"木"字加"日"字，像是太阳初升，被树木掩映，表示太阳升起的方向。

繁体字"南"字下面是一所房子，房子上的是树梢。《说文解字》中记载："草木至南方有枝任也。"草木承受了来自南方的充足阳光，而长得枝叶繁茂。

西，《说文解字》解释说："西，鸟在巢上，象形。日在西方而鸟楼，故因以为东西之西。"从形体上看像一个鸟巢了，夕阳西下，倦鸟归巢，栖落枝头，古人借此意来表示黄昏时节太阳的方位。

北，《说文解字》解："乖也，从二人相背，凡北之属皆从北。"古人以向阳朝南为正座，背面因此就是北面。"北"也就渐渐演化为专门表方位名了。

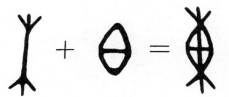

图 3.10　东

图 3.11　南

图 3.12　西　　　　　　　　　　　图 3.13　北

现在请你也做一次"立杆测影定方向"的天文实验。

选择一个晴天，寻找一片空地，垂直立下一个 1 米左右的直竿，再准备一根画线的粉笔，一只准确的钟表。在 11:30~12:30 这一个小时内，盯住直竿的影子，每隔 5 分钟在影子上画一条线。这样画 12 条线，其中最短的一条线就是"南北线"；然后在南北线的中间画一条横线，就是"东西线"。画完了东西南北线之后，最好固定并保存下来，让所有看到的人都能知道准确的方向。

请你写一篇文章，题目是《太阳教我认方向》，相信你一定会写得非常生动。

第 **4** 课

月球知识

月亮是夜空中最明亮的天体，从古至今，它引发无数中外文人墨客及科学家的遐想与探究。

★ 荒凉的月面

晴朗的夜晚，肉眼就可以看出月面上的暗斑，无限渴望飞近月球的人们对此充满了幻想，不仅想象出各种形态，还创作了许多神话故事，流传至今。

你看到疯狂的奔牛、读书的姑娘、吼叫的驴子、捣药的玉兔了吗？

图4.1　月面暗斑

直到1609年，意大利天文学家伽利略把望远镜对准月球时，人类第一次将月球拉近视野，才发现这一切只是人类因向往登月而产生的美好幻想，望远镜中的月面毫无生机，一片荒凉。但这一切却深深吸引着他，因为月亮并不是以往想象那样平滑的，而是既有挺拔的高山，又有凹陷的洼地。

★ 月海

那些被想象成各种轮廓的暗斑被伽利略称为"月海"。这些"海"有名无实，因为那里没有一滴水，只是比周围地势低的平原地带。后来登月证实月海铺满厚实且松散的土壤，因此反射能力弱，反射到我们眼睛里的光线比较少，看上去暗淡许多。整个月球上共有22个"海"，面对地球的这一面有19个，背面有3个。轮廓最明显的是：风暴洋、雨海、澄海、静海、危海、丰富海、酒海。其中最大的海是风暴洋，面积约500万平方千米。除了"海"以外，还有较小的"月湖""月湾"和"月沼"。

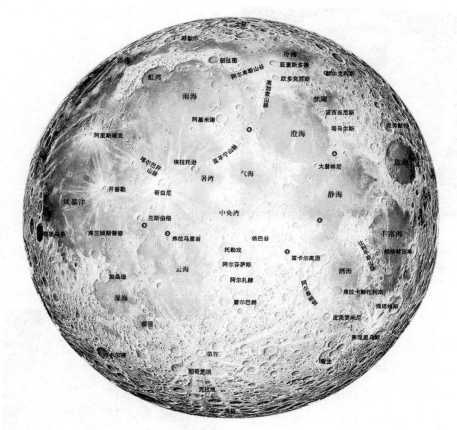

图 4.2　月面海洋

⭐ 环形山

通过天文望远镜，会非常明显地看到月面上星罗棋布地排布着层层圈圈，这是一种叫作"环形山"的地形。有些环形山的直径达到了数百千米。早期月球上的火山喷发形成了一些环形山，类似长白山天池。随着月球逐渐冷却，火山活动逐渐减少，多数环形山由太空中流星体撞击形成。第谷等环形山被猛烈撞击出现的辐射条纹清晰可见。

月面上最典型的地形就是环形山，直径大于 1 千米的环形山总数达 33 000 多个，大多位于月球背面。通过望远镜观测月面时，能够清晰地看到开普勒环形山、哥白尼环形山和第谷环形山。

图 4.3 环形山

环形山的形态也各不相同，有的大小环形山嵌套相叠；有的大环形山中央有一个很深的坑穴；还有的大环形山中央陡然矗起一座山峰，叫作"中央峰"。最大的环形山是月球南极附近的贝利环形山，直径达 295 千米，面积接近浙江省，可以把整个海南岛装进去。

课内活动

一起来造环形山

准备一个盆或者鞋盒，上面铺一层沙土（厚度大于 2 厘米），在上空垂直落下小石子或弹珠，反复试验并观察结果，体会环形山的形成原理。并思考：为什么月球背面环形山更多？

月面地形丰富，还有月陆、山脉、月谷、月溪等，有些在地面，科普级的望远镜就能辨认。

与月海相反，看起来比较亮的部位是被称为月陆的高地，这是月面最主要的地形。

上弦月或者下弦月时月面的山脉更突显立体感，这是最长的山脉——亚平宁山，绵延 1 000 千米，但高度不过比月海水准面高三四千米。

图 4.4 月面局部照片

图 4.5 亚平宁山的月面局部照片

月海伸向陆地的部分称为"湾"和"沼"，都分布在正面。湾有五个：露湾、暑湾、中央湾、虹湾、眉月湾。虹湾正是中国月球车——玉兔着陆和活动的地点。

图4.6 玉兔着陆地点虹湾

著名的环形山

托勒密环形山。在月面中央稍微偏下一点的区域，有三座壮观的环形山排成一列，它们是：托勒密环形山、阿尔芬斯环形山、阿尔扎赫耳环形山。其中托勒密环形山最大，直径164千米，面积2万多平方千米，几乎比天津市面积（1.1万平方千米）大一倍。环形山底部平坦，可以开动月球车在上面行驶。中间还有两个小小的环形山。托勒密（约90—168）是古希腊的天文学家，著有《天文学大成》。

哥白尼环形山。在喀尔巴仟山的南部，有著名的哥白尼环形山。它的直径90千米，环壁高3 260米，底部中央有3个分开的山峰。整个环形山在灿烂的阳光照耀下，向外辐射出了无数条辐射纹，最长的有1 200千米。这些辐射纹可以穿山过河、一往无前，它们可以覆盖在山河之上。这是陨石撞击引起爆炸的结果。这是一座年轻的环形山，爆炸的痕迹依然存在。哥白尼（1473—1543）是波兰天文学家，日心说理论的创始人。

开普勒环形山。在风暴洋中距离哥白尼环形山不远处，有座比较小的开普勒环形山。它的直径有32千米，环壁高2 750米。它跟哥白尼环形山一样，

周围有数不清的辐射纹，最长的一条有 640 千米。开普勒（1571—1630）是德国天文学家，是行星运动三大定律的创始人。

第谷环形山。要说辐射纹最长的是第谷环形山，直径 85 千米，环壁高 4 850 米，中间有一个非常明显的中央峰，四周有非常明显的辐射纹，其中最清楚的有 12 条，其中一条长达 1 860 千米，竟然比月球的半径（1 738 千米）还要长，它从月球南部的第谷环形山出发，一直冲到月球北部的澄海。第谷（1546—1601）是丹麦天文学家。

第谷、哥白尼、开普勒这三座环形山，在满月期间，明亮的辐射纹穿过月海、跨过高山、十分壮观，成为月面上的三个"小太阳"。

克拉维环形山。在第谷环形山南面，直径 245 千米，环壁高 3 650 米。在它的内部有几个小型环形山，在它的环壁上也有几个环形山。这种巨大又壮观的环形山，在月球上是独一无二的，且又处在月球上环形山最密集的区域，因此这里显得非常热闹。克拉维（1537—1612）是意大利数学家和天文学家。

课后实践

裸眼观察月海

现在我们已经知道了，在月面上有大大小小的"月海"，那么我们能不能看到月亮上的这些海洋呢？答案是肯定的。

步骤

1. 在晴天的夜间，只要能看到月亮，不论是弯月、半个月亮还是满月（圆月），观察月亮表面的暗斑，这些片片暗斑就是月海。

2. 想象暗斑的形态。

3. 如果家里有看风景的双筒望远镜，对着月亮调试好，仔细观察月海。

Lesson 5

第 5 课

月相变化

"人有悲欢离合，月有阴晴圆缺，此事古难全。"

在所有天象中最引人瞩目的莫过于月球的圆缺变化了。

月相歌

月相跟着农历变，初一月亮看不见，

初二初三一条线，初五初六变弯月，

初七初八是上弦，初九初十变凸月，

十五十六月亮圆，过了圆月变凸月，

廿二廿三月下弦，廿七廿八月亮残。

☆ 月相变化的原因

我们所观测到的月亮圆缺的变化就是月相变化，典型月相大致有以下八种：朔月、蛾眉月、上弦月、上凸月、满月、下凸月、下弦月、残月。

图 5.1　月相

请思考：我们看到的月亮相貌和太阳相貌不同，太阳的形状不变，为什么月亮的形状总在变呢？是被物体遮住了吗？

如果你认为是被遮住造成的，请继续思考可能被什么物体遮住了？太阳、彗星及水星、金星等行星都不在地月轨道之间，显然不可能遮住月球。被地球的影子遮住了吗？如图5.2所示月球大约每隔29.5天绕地球公转一圈，显然只有一个位置是月球在地球背后，而月相的变化是整月都在发生的，所以也不可能。

月球本身不发光，我们看到月亮的光，是它反射的太阳光。不难理解的是，月球在绕地球公转的过程中，无论在任何位置，都会有一半被太阳照亮，而另外一半处于黑夜。请观察想象，地面上的观察者看到月球亮面会有什么样的变化？

图 5.2　月球绕地球公转

图5.3 月球公转一圈亮面变化

　　结论是月亮围绕地球公转的过程中，使得月球、地球和太阳三者之间的位置总在变化着，月亮的亮面朝向地球的多少也总是在变化着，由此产生了月相的变化。

☆ 月相变化的周期

　　观测结果表明，月相变化的周期，也就是从朔到下一次朔或从望到下一次望的时间长度，但这个时间并不是固定的，有时长达29天19小时多，有

时仅为 29 天 6 小时多，它的平均长度为 29 天 12 小时 44 分 3 秒，也可以说是 29.5306 天。

试着在图中画出诗中的月相。

宋·柳永《雨霖铃》

多情自古伤离别，更那堪，冷落清秋节！

今宵酒醒何处？杨柳岸，晓风残月。

绘画的方法：从月亮的北极到南极画一条弧线，区分明暗，并用阴影表示暗面。如：

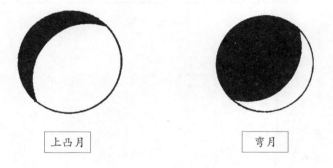

上凸月	弯月

图 5.4 图例

查看日历的农历日期，选择前半个月中的 5 天，进行月相观测，然后将观测到的月相画在下表的对应日期里。

要求

1. 每次观测选择相同的时间，建议在 19:00~20:00 之间。

2. 选择相对开阔的地点。

初一	初二	初三	初四	初五	初六	初七	初八

初九	初十	十一	十二	十三	十四	十五

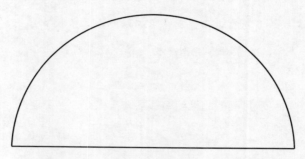

图 5.5 半圆天空

选择一个不变的地面参照物或者选定方向，把每次观察的月相都画在下图中。

简要总结月相变化规律：＿＿＿＿＿＿＿＿＿＿＿＿＿＿＿＿＿

简要总结月亮位置变化规律：＿＿＿＿＿＿＿＿＿＿＿＿＿＿＿

简要总结月亮出没时间规律：＿＿＿＿＿＿＿＿＿＿＿＿＿＿＿

第 6 课

星星距离我们有多远

图 6.1 夜空中的星座

仰望夜空，群星璀璨。一些亮星夺人眼球，构成了形态各异的星座，使黑夜活跃起来。星星亮度不一，除了发光本领不同，与我们的距离差异也是另一方面原因。那些看起来挂在球形天幕上的星座美景实际上是由远近不一的星星视觉投影而成的。深邃的夜空，就是一个由近及远的繁星构成的立体空间，是我们所观测到的神秘宇宙。

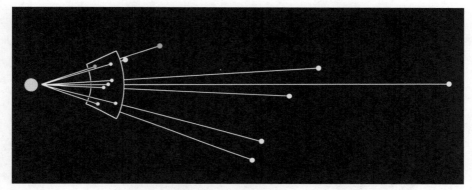

图 6.2 星座的真相

在宇宙中，地球作为一颗行星的确非常渺小。以地月系为基本单元扩大空间范围，要包含层层系统最终构成宇宙。

地月系—太阳系—银河系—本星系群—本超星系团—总星系（即宇宙）。

在总星系中，地球确如沧海一粟，星与星之间的距离也都是庞大的数字，所以在衡量星星距离有多远时，为了方便，也要运用不同的距离单位。

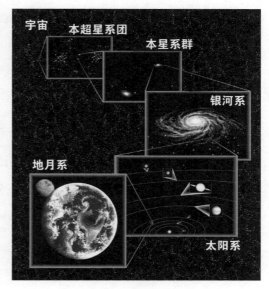

图 6.3 宇宙层级

千米

千米（km）是我们生活和工作中通常用到的基础距离单位，比如北京与天津之间的距离约为 120 千米。月球是离地球最近的天体，地月平均距离为 384 400 千米。太阳是离地球最近的恒星，日地平均距离约为 1.5 亿千米。

天文单位

飞出地月系，天体之间的距离尺度变大，衡量距离的数字位数越来越多，于是开始应用一个更大尺度的距离单位——天文单位。规定从地球到太阳的平均距离为 1 个天文单位，表示为 AU，即 14 960 万千米，约为 1.5 亿千米。由此换算行星到太阳的距离、太阳系内的探测距离等。

表 6.1　太阳系内距离列表

名　称	距太阳（AU）	名　称	距太阳（AU）
水星	0.38	天王星	19.2
金星	0.72	海王星	30.1
地球	1	柯伊伯带	30~50
火星	1.5	旅行者 1 号	132
木星	5.2	奥尔特云	10 000~100 000
土星	9.5		

光年

太阳系处于银河系之中，太阳是银河系中千亿颗恒星中的一员，与太阳系内的距离相比，河内恒星之间、河外星系之间的距离更加遥远，因此引进"光年"为更大一级距离单位，用于计量天体间的空间距离，缩写用 ly 来表示。1 光年即为光在真空中沿直线传播 1 年所经过的距离，约为 94 605 亿千米。

课内活动

光速为 300 000 千米 / 秒，请试着计算 1 光年的距离。

离太阳最近的一颗恒星是半人马星座 α（比邻星），距离是 4.2 光年（4.2ly）。银河系的直径约为 10 万光年。

用光年表示的距离，其数量就是光从该星体出发到达地球的时间。比如，金牛座蟹状星云 M1（梅西耶编号）距离地球 6 500 光年，它是一颗超新星爆发后的遗骸，中国于 1054 年记录下爆发现象。光从这里出发要历经 6 500 年才能到达地球观测者眼睛。也就是说，当我们在地面通过望远镜看到蟹状星云时，那是它 6 500 年前的样子，至于它现在的模样，要等 6 500 年后才能接收到。

秒差距

秒差距，缩写为 pc，是天文学上的一种距离单位。

1pc=3.26ly=206 265AU=30.8568 万亿 km

课后实践

据太阳最近的恒星为比邻星，距离为 4.2 光年；人类迄今发现的最像地球的系外行星——开普勒 452b（Kepler 452b），直径是地球的 1.6 倍，位于距离地球 1 400 光年的天鹅座；银河系外离地球最近的星系为大麦哲伦星系，距离我们 16 万光年；其次为小麦哲伦星系，距离我们 19 万光年。

根据给出的一些数据，请论证：以现有的水平和认知，能够进行星际穿越吗？

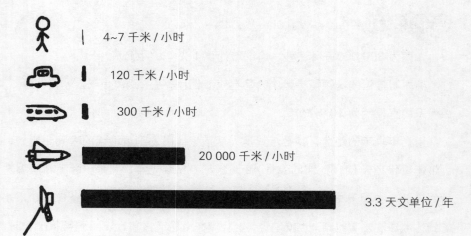

图 6.4 人、汽车、火车、航天飞机、飞船的速度

Lesson 7

第 **7** 课

万物生长靠太阳

我们生活的地球是一个生机盎然的星球，这里草木葱茏、鲜花盛开，鹰击长空，鱼翔海底，还有繁茂的庄稼、繁华的城镇……所有这一切，都离不开光辉灿烂的太阳。正是太阳源源不断地向地球输送着能量，万物才能够生长；正是由于有着几十亿年生存、演变的条件，才有了人类的文明。我们应当永远感恩太阳。

图 7.1　拥抱太阳

★太阳是一切生命的源泉

太阳是地球上一切生命的源泉，这句话有两方面的含义。

第一，地球上的生命物质在诞生过程中最重要的条件就是适宜的温度、充足的空气和液态水。这些条件都离不开太阳，太阳源源不断提供的能量，是生命生存和演化的动力。

图 7.2　万物生长靠太阳

第二，生命的繁衍更加离不开太阳。植物要在阳光之下吸收空气中的二氧化碳，释放出氧气，完成生长；而动物则吸收氧气，吐出二氧化碳。同时，植物也是动物生存必需的食物。

我们享用的一切食物也都包含了太阳能。我们说的每一句话、每一个动作，包括自己的思考，都是太阳能在表演。奥运会和考场上的每一次较量，也都是在利用太阳能进行比赛。地球上的风风雨雨也都是在太阳的直接赞助与指挥之下进行的舞蹈。

★太阳能量的来源

太阳的能量是射向四面八方的，地球【与太阳相距 14 960 万千米（1 个天文单位）】只能接收它

×1 秒 ＝ ×1 000 000×10 000 年

图 7.3　假如整个地球上铺着一层 100 千米厚的冰层，太阳集中了全部的能量射向地球，40 秒钟后就全部溶化为水，7 分钟后就全部化成了水蒸气

能量的 22 亿分之一，但这已经足够了。全世界每年烧煤 100 亿吨，但这只相当于太阳在 73 秒钟内送给地球的能量。地球上能源的 99.9999% 来自太阳。人类使用的煤和石油，是古代靠太阳生长起来的植物和动物死后的尸体演化形成的，实际上也是积存下来的太阳能。

图 7.4 太阳辐射图

太阳发出这样巨大的能量，能维持 100 亿年，这样的能量是从哪里来的呢？

第一，太阳有着巨大的质量。太阳的体积是地球体积的 130 万倍，质量是地球的 33 万倍。巨大的质量产生了强大的引力，使得核心处变得高温、高压，形成了一个神奇的"原子锅炉"。

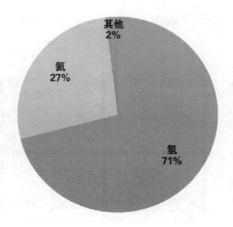

图 7.5 太阳元素的比例（饼状图）

第二，太阳的成分中有着充分的"燃料"：太阳内部的氢原子，在"原子锅炉"里高速度地奔跑着，与相邻的原子核发生碰撞和聚合，每当四个氢原子聚合成一个氦原子的时候，就会释放出巨大的能量，这个过程叫做"氢核聚变"。核聚变产生的能量能维持太阳稳定"燃烧"一百亿年。在聚

变中有少量的能量以光的形式冲出了太阳表面，仅用了 8.5 分钟就到达了我们的身旁。我们便看到了太阳。

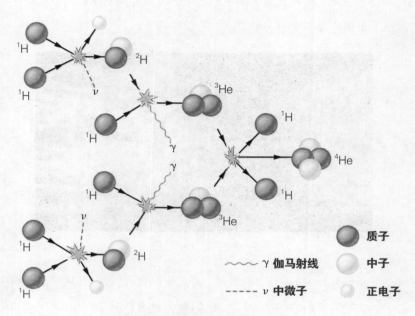

图 7.6　氢原子聚变成氦原子卡通图

课内活动

辨识下列图片的景物与太阳的关系

（1）营养早餐。

图 7.7　营养早餐

（2）四季变化。

图 7.8　春夏秋冬

（3）奔跑中的田径运动员。　（4）下雨了。　　　　（5）享受大自然。

图 7.9　奥运跑步　　　　　图 7.10　下雨　　　　　图 7.11　在山林中畅快呼吸
的度假者

拓展阅读

木星能够变成太阳系的第二个太阳吗?

木星是太阳系里最大的行星，体积是地球的 1 316 倍，质量是地球的 318 倍。木星中氢气占了 82%，氦气占了 17%，还有少量的甲烷和氨气，跟太阳的成分差不多。木星向外辐射的热量是它从太阳光中吸收热量的 2 倍，就是说，它一定有自己的热源。于是有人说，如果木星收缩下去，中心也会产生"原子锅炉"，形成"氢核聚变"，这样的木星就会发出光来，变成一个小太阳。那时地球的上空将有一大一小的两个太阳在天空照耀。

图 7.12　木星

想法虽然美妙，其实是不可能的。因为木星的质量只有太阳的 0.001，还是太小了。只有当它的质量达到了太阳的 0.08 以上，才有足够的引力，才能制造"原子锅炉"。

太阳神的故事

阿波罗是古代希腊神话中的太阳神，是光明的使者，哺育着万物生长。阿波罗的童年是相当不幸的。他的父亲是天神宙斯，母亲是仙女勒托。天后赫拉把勒托赶出了奥林匹斯山，并且下令海洋和陆地都不许收容她。勒托只好来到德罗斯岛，这是一个漂浮在海洋中的浮岛，即不属于海洋，也不属于陆地。勒托在岛上的一个山洞里住了下来，生下了一对双胞胎，男孩取名叫阿波罗，就是后来的太阳神；女孩取名阿尔忒弥斯，就是后来的月亮女神。赫拉发现了勒托在浮岛上的家，就派了一条巨蟒去咬死勒托母子三人。海神波塞冬发起了狂风巨浪，使得巨蟒不能接近浮岛，勒托一家人免受迫害。许多年过去，阿波罗兄妹长大了。宙斯见到了自己的儿女，把母子三人接回到了奥林匹斯山，置身于众神的行列之中。

苦尽甘来，一家人在天堂里过着幸福、荣耀的生活，太阳神想起了那条万恶的巨蟒，下定决心要杀死它。他来到了皮托山，找到了巨蟒的山洞，先把巨蟒引出山洞，然后用百发百中的神箭射死了它，立下了大功劳，感动得宙斯封阿波罗为太阳神，同时封阿尔忒弥斯为月亮女神。

阿波罗不敢怠慢，立即上任，驾起了金马车。每当黑夜即将过去的时候，东方的黎明女神就会醒来，她打开了通往天堂的两扇紫色的大门，星星们逐渐隐去，就连太白金星也渐渐隐没了，天色大亮了。太阳神驾驶的四匹马拉的金马车出现在地平线上，他策马飞入到天空，越升越高，越升越高，给大地带来了一片光明。

课后实践

1. 我们生活中是如何利用太阳能源的？举例说明，可以与你的伙伴们分享。

2. 实验：探寻太阳能电池的作用。在家中寻找一块太阳能电池板，点亮一个小灯泡。或者找出家里的太阳能计算器，找出太阳能电池板，研究它们的工作原理。

3. 植物向光实验。植物的生长过程中，是否能离开阳光呢？通过实验观察吧。

材料

两棵同样的花苗，两个纸盒。

一个纸盒上面挖两个洞，使阳光照耀花苗，一个纸盒不挖洞。

结果

（1）纸盒未挖洞的花苗＿＿＿＿＿＿原因＿＿＿＿＿＿＿＿＿＿。

（2）纸盒挖洞的花苗＿＿＿＿＿原因＿＿＿＿＿＿＿＿＿＿。

Lesson 8

第 **8** 课

太阳活动对人类的影响

"太阳一打喷嚏，地球就要患感冒。"太阳给予人类恩惠，但同时也给人类带来威胁，因此，我们必须密切注意"太阳活动"。

太阳的结构

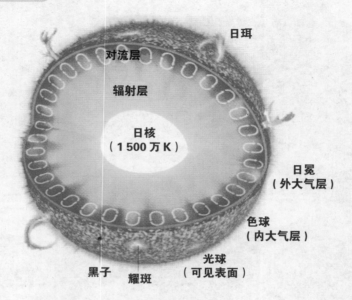

图 8.1 太阳的结构

太阳的结构可分为"里三层、外三层"。

里三层是：日核、辐射层、对流层。

日核。日核半径约占太阳半径的 15%，这里就是太阳的原子锅炉，太阳的能量就是在这里产生的。

辐射层。范围从 0.15 个半径到 0.86 个半径，占了太阳体积的绝大部分。光子在这里碰碰撞撞，艰难地向外挤。

对流层。从 0.86 个半径处开始，厚度有 14 万千米，这里的物质上下翻腾，对流不止，光乘着上升气流很快地跑了出来。

外三层是：光球层、色球层、日冕层。我们这里所说的"太阳活动"指的是外三层的"电磁活动"。

根据太阳的结构，用橡皮泥捏出太阳的结构，注意用不同的颜色显示出太阳的"里三层""外三层"。

课内活动

光球层上的太阳黑子

光球层的厚度有 500 千米，这里的温度是 5 770K（开尔文）[1]。有的局部会出现温度比周围低，只有 4 500K，看起来显得暗一些，就是太阳黑子。太阳黑子是太阳活动最明显的标志，人们以太阳黑子的多寡来衡量太阳活动的程度。每过 11.2 年达到一次高峰，叫作"太阳风暴年"。

图 8.2 太阳黑子

色球层上的日珥和耀斑

光球层外有一层红色的大气，叫"色球层"，厚度有 2 000 千米。这里有千千万万的"小型火苗"，它们此起彼落，就像是燃烧的草原。大的日珥形状变化万千，有的像浮云，有的似喷泉，有的像拱桥，有的像蘑菇云。还有的日珥像龙卷风一样，强大的气流沿着螺旋形路线上升，上到 3 万至 10 万千米。而"爆发日珥"上升的高度可达 150 万千米。

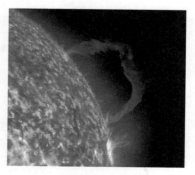

图 8.3 日珥

51

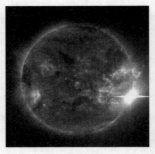

图 8.4 太阳耀斑

在色球层上空常常出现大的"耀斑"。一个耀斑瞬间发出的能量，相当于地球上 100 万次强烈火山的爆发，从耀斑那里抛射出的大量射线和高能带电粒子，可能会危及宇航员的生命；造成地球上空的"磁暴"，影响手机通信；有时还会干扰电网，造成大面积停电。

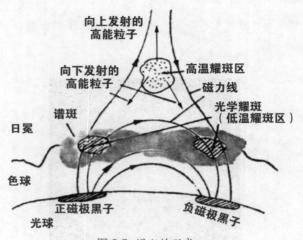

图 8.5 耀斑的形成

日冕层上的太阳风

日冕层是太阳大气的最外层，借助日冕仪或者日全食的时候才能看到。日冕层抛射出的带电粒子流，叫作"太阳风"。每秒钟约有 400 万吨的物质，乘着太阳风，飞离太阳到宇宙空间去。

图 8.6 日全食时日冕

太阳风是危害生命的杀手，幸亏地球外层有一个磁场，阻挡了大部分高能粒子来到地面，保护了地球上的生命。只有极少数粒子穿过了磁层，沿着磁力线到达了地球南、北极的上空，变幻成极光。

在整个宇宙中，太阳是一颗处于稳定期的恒星，50 亿年来，平静地放射着

柔和的光芒，如此造就了地球上的生命。但太阳是地球赖以生存的恒星，它的微小的活动也会使地球上产生巨大的躁动。因此，我们要密切关注太阳的活动。

图 8.7 极光

名词解释

【1】K——又称开尔文，是热力学中常用的温度单位，1 开尔文 =−273 摄氏度。

拓展阅读

太阳活动对地球影响的事例

在第二次世界大战中，德国的前沿战事正在紧张地进行着。电信工作也十分忙碌，战果报告、传达命令都要由报务员来完成。有一天报务员布鲁克正在值班，就在一件重要的命令需要下达时，耳机里的声音突然消失了，发报机停止了工作，命令发不出去了。布鲁克慌忙地检查了机器上所有的部件，一切完好无损。他改变了发报的频率，还是无济于事。他忙得满头大汗，命令就是发不出去！司令部和前线失去了联系，造成了一场战斗的失败。追究责任的结果，是由于布鲁克的失职，他被军事法庭判了死刑，临刑时，他仰天长叹："冤枉！冤枉！"战争结束之后，天文学家站出来为他平了反。原来那一天，太阳上出现了大耀斑。大耀斑发出的强力射线和高能粒子流，冲击了地球磁场，扰乱了反射无线电波的电离层，致使通讯中断了。于是德国当局宣布布鲁克无罪。这是全世界都知道的一大新闻。

　　像这样的事例还有很多。在1989年3月，太阳活动剧烈时，美国得克萨斯州和佛罗里达州都出现了极光，也出现了短波无线电通讯中断的情况。航天器和飞机的安全受到了威胁。同时在加拿大魁北克地区电网系统失灵，造成了9个小时的停电。

　　1956年3月，太阳上出现了一个大耀斑，它的射线和粒子冲击了地球的大气层，使全球各地的气候变得失常了。在意大利，应当是风和日暖的春天，却出现了50多年以来的"倒春寒"，连续几天的大雪，埋没了铁路和公路，交通的中断造成了400多个村庄孤立无援，粮食匮乏。而在德国和法国，春天来得特别早，冰雪迅速地融化，造成河水猛涨，泛滥成灾。在亚洲发生了40多年来没有过的大雪。在澳洲发生了惊人的大暴雨，悉尼城被淹，整个城市被泡在水中。

图 8.8 太阳活动对比图影响

课后实践

　　在网络中寻找太阳黑子的图片，用自己的语言描述一下它的样子，想办法将太阳表面划分成多个好辨识的区域，找找方法来记住太阳黑子的位置。

第 9 课

太阳系的天体分类

太阳系是一个包括太阳和环绕着太阳运行的天体组成的庞大天体系统。处在中心地位的是太阳，它的质量占据了太阳系全部质量的99.86%。它以自己强大的引力，吸引着周围的天体有规律地绕着它运行。除了太阳以外，太阳系的天体基本上可以分成三类：行星、矮行星和小天体。

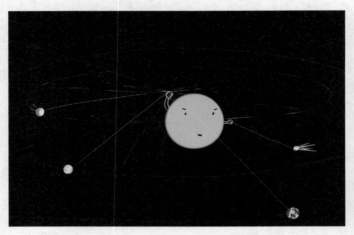

图9.1 星、小行星、彗星绕太阳转动

✦ 划分太阳系成员的3条标准

2006年8月14日，第26届国际天文学联合会（IAU）在捷克首都布拉格开幕。8月24日的会议上，经过来自75个国家，约2 500名天文学家投票表决，通过了划分太阳系成员的三条标准。

第一，它们都围绕着太阳运行。

第二，它们有足够大的质量和吸引力，使自身的体积为球形。

第三，它们有足够大的质量和吸引力，能够清除轨道上的其他天体。

完全具备这三条的为行星，只具备第一、第二条的为矮行星，只具备第一条的为小天体（包括流星、彗星、小行星）。

✦ 行星的分类

古人用肉眼观测，发现有五颗星星，在星座之间穿行，起名为"行星"。

一个星期有 7 天，就是"五行"加上日、月的日期：星期一（月亮日）、星期二（火星日）、星期三（水星日）、星期四（木星日）、星期五（金星日）、星期六（土星日）、星期日（太阳日）。

行星是太阳系的重要成员，共有八颗，按照它们距离太阳从近到远的顺序是：水星、金星、地球、火星、木星、土星、天王星、海王星。

图 9.2　八颗行星体积比例和顺序

这八颗行星形态不完全相同，可分为两类：类地行星和类木行星。两种类型有三个明显的不同之处。

图 9.3　行星

第一，体积不同。类地行星体积小，类木行星体积大。类地行星中最大的是地球，类木行星最大的是木星，木星的体积是地球的 1 316 倍。

第二，它们的结构不同。类地行星由土石和金属构成，它们都有坚硬的岩石外壳，称为"壳"，里面是流体的岩浆，称为"幔"，中心有一个金属核心，称为"核"。而类木行星主要由气体和液体构成，没有表面的硬壳，被称为"流体行星"，只是在核心处有一个相当于地球大小的岩石核。

第三，距离太阳远近不同。类地行星距离太阳比较近，地球距离太阳有 1 个天文单位，最远的火星距离太阳 1.52 个天文单位。而类木行星距离太阳最近的木星也有 5.2 个天文单位，土星、天王星、海王星越来越远。在海王星处，距离太阳已经接近了 30 个天文单位，那里都是极其寒冷的世界。

⭐ 行星运行的黄道面

地球围绕太阳运行的轨道称为黄道，而从视觉上，我们看到的是太阳视运行的轨道（参见第二课中的"公转"），也可以叫做"黄道"。太阳"穿行"的十三个星座就是黄道星座：白羊座、金牛座、双子座、巨蟹座、狮子座、室女座、天秤座、天蝎座、蛇夫座、人马座、摩羯座、宝瓶座、双鱼座。

太阳系的八颗行星差不多在一个平面上（黄道面）上运行，因此在地球上望星空，其他的行星和太阳一样，都出现在黄道附近，也都在黄道十三星座中穿行。

图9.4 某个时间包含行星黄道星图

如果在黄道星座里，出现一颗星星比较亮，而且光芒稳定，没有剧烈的闪烁，那就能够肯定它是一颗行星了。

拓展阅读

冥王星降级

冥王星是 1930 年 2 月 21 日下午 3 时 58 分（美国西部时间）被农民的儿子汤博从他所拍摄的照片上发现的。从那时起，世人知道"太阳系有九颗行星"。可是这种局面只维持了 76 年就改变了。2006 年 8 月 24 日，第 26 届国际天文学联合会通过了改变冥王星地位的决议，把冥王星"降级"为矮行星。

图 9.5 汤博工作的场景

自从通过这个决议之后，许多人为冥王星地位的改变鸣冤叫屈。其实，这是天文学发展的一个必然，把冥王星定义在矮行星的行列里，是有充足理由的。

第一，从 70 多年的观测上看，冥王星在逐年"缩小"。1930 年，发现的时候，根据光度推算它的直径为 6 400 千米，质量是地球的 80%；1950 年的观测，直径"缩短"到 5 000 千米，质量只有地球的百分之十一；1978 年 6 月，根据计算，冥王星的质量还不到地球的四百分之一，直径只有 2 700 千米。20 世纪 90 年代，哈勃望远镜观测，直径"缩小"到 2 250 千米，只有月亮直径的 2/3。这倒不是冥王星本身在"缩水"，而是观测精度越来越高，测量得越来越准确了。

第二，太阳系的行星分为两大类：类地行星和类木行星。前一类行星由土石和金属构成，后一类由氢、氦的气体和液体构成。而冥王星表面大量结冰，大气由氮、甲烷和一氧化碳构成，它既不属于类地行星，又不属于类木行星，只好归为"另类"。

第三，至今已经在冥王星轨道附近发现了 800 多颗跟冥王星近似的天体。2002 年发现了夸瓦尔，直径 1 250 千米；2004 年发现了赛德娜，直径 1 600

千米；2006 年 1 月发现了厄里斯，直径 2 600 千米，体积超过了冥王星。厄里斯的发现，给天文学界出了一个大难题。把它归入小行星的行列，显然太委屈；归入大行星的行列，显然和冥王星一样不够资格。于是天文学界为冥王星一类的天体设立了一个新的家族，就是"矮行星"。还规定了划分太阳系天体的三条标准，按照这个标准，冥王星被划分在"矮行星"的行列。

安装观星软件

操作

1. 在手机应用商店搜索"虚拟天文馆""星图"等星空模拟软件，下载安装在电脑或者手机上。

2. 运行软件，尝试对应实际日期模拟星空。从星图上观察星座和行星。用手机定位你所在地区的经纬度，将观察日期输入，然后对准星空，认识星空。

第 **10** 课

神行信使——水星

水星，又被称为辰星，在罗马神话中代表传递信息，行走如飞的使者墨丘利（Mercury）。夜幕中的水星泛着银色光芒，最亮时能达到 -1.9 等，但观测起来却是件很困难的事。

图 10.1　水星符号

⭐ 水星是距离太阳最近的行星

水星与太阳的平均距离为 5 790 万千米，只有 0.387 个天文单位，而排在第三的地球，距离太阳 14 960 万千米，即 1 个天文单位。近距离导致水星的公转速度达到 48 千米 / 秒，88 天就围绕太阳公转一周，在行星中跑得最快，是名副其实的"飞毛腿"和"神行信使"。水星上的一天非常漫长，相当于 176 个地球日。

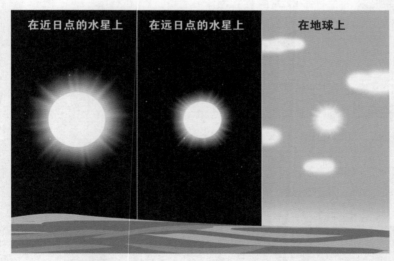

图 10.2　在近日点的水星、远日点的水星和地球上看到的太阳

水星公转轨道比地球更靠近太阳，因此把它归为地内行星。从地球上看，水星经常紧紧跟在太阳身旁，与太阳同升同落，淹没在太阳光辉中而不得见。而只有当水星运行至"西大距"和"东大距"的位置上，从地球看去，它离太阳最远，趁着日出之前或日落之后的短暂机会才能捕捉到它的身影。

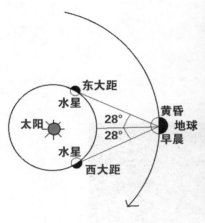

图 10.3 水星大距示意图

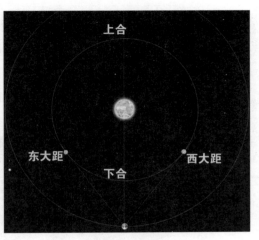

图 10.4 水星东西大距

★ 水星是太阳系中最小的行星

水星质量只有地球的十九分之一，表面引力是地球上的三分之一，不能很牢固地吸住自己周围的大气，它几乎是光秃秃地裸露在宇宙空间中。因距离太阳近，水星白昼温度高达 427℃，连铅、铁等坚硬的金属都会熔化；但是到了夜间，没有大气保温，热量很快散去，温度迅速下降到零下 183℃，成为行星里温差最大的星球。

图 10.5 地球、水星、月球体积比较

由于水星的大气太稀薄，不能像地球那样形成浓厚的大气层，所以宇宙中的小天体，不会像进入地球大气那样被烧毁，而是全部撞在了水星的表面，使得水星表面像月球一样，布满了环形山。1976 年，国际天文学联合会为水星上的环形山命名，在已命名的 310 多个环形山中，有 15 个是以我国艺术家名字命名的。

图 10.6　水星上的环形山

水星的名字里有水，但却没有流动的水，只有在山谷里冻着的冰，而且还深深地掩埋在灰尘中。如此恶劣的环境，导致没有任何生物可以在上面生存。

人类对水星的探索

作为一颗地内行星，人类对它有着非常浓厚的兴趣，但由于离太阳太近、温度太高，截至目前前去探测水星的探测器并不多，只有"水手 10 号"和"信使号"水星探测器造访过水星，为我们传来了关于水星的重要资料。

美国的"水手 10 号"探测器于 1973 年 11 月 3 日发射升空，分别于 1974 年 3 月 29 日、1974 年 9 月 21 日和 1975 年 3 月 16 日三次飞掠水星上空，拍摄了几百张水星的"特写"。遗憾的是"水手 10 号"探测器每次飞掠水星时面对的是水星的同一面，仅仅探测了水星 40% ~ 45% 的地区，探测出了水星的磁场、地形、大气等重要内容。

2004 年 8 月，美国发射"信使号"探测器，于 2011 年进入水星轨道，按照预定计划，"信使号"将于 2015 年用尽燃料，然后坠毁在水星的表面，结束它长达 4 年的水星探索之旅。它携带了更为先进的设备，用来探测水星的化

图 10.7　"水手 10 号"

学成分、地理环境等内容，找到了水星上存在水冰的证据，发现了年轻火山的活动迹象……

通过人类的努力，水星的秘密越来越多地被科学家所掌握，水星的神秘面纱也将被揭去。

图 10.8　"信使号"

信使墨丘利的故事

天神宙斯有着无上的权威，他统治着天空和大地，是神仙和人类的领袖。他的小儿子叫作墨丘利，是在一座山洞里出生的。

墨丘利从小有快速奔跑的能力。你看：他的脚上穿着一双飞鞋，在鞋上有一对翅膀；头上的帽子也有一对翅膀；手里拿的魔杖上还有一对翅膀。他跑起来插翅如飞，如果参加马拉松比赛，准能拿到冠军。

小时候的一天，他在黑乎乎的山洞里呆腻了，想出去玩。妈妈睡着了，他偷偷地爬下床，来到了旷野之中。走呀，走呀，突然看见脚下有一只乌龟。他弯下腰捡起了乌龟，对他说："乌龟呀！我来教给你唱歌好不好？"说完，就把乌龟的盖子撕了下来，乌龟死了。他又找到了七根丝线，做成了一把七弦琴，一边走着一边弹了起来。

玩着玩着，他突然觉得肚子饿了。朝山下望去，看见一群牛，数一数，一共 50 头。他跑下山去，把 50 头牛赶进了一个大山洞藏了起来。他从中挑了两头最肥美的，杀死，用火烤熟了，撕开吃了。吃饱了以后，他跑回了山洞，躺下，假装睡觉。

原来，这50头牛是属于太阳神阿波罗的，他是墨丘利的哥哥。当他知道了事情真相以后，怒气冲冲地找到了墨丘利居住的山洞，从床上拽起了墨丘利，把他拉到了天神宙斯的脚下，进行了控告。宙斯听完了说："你呀！你呀！从小就会偷东西，就当小偷儿的保护神吧！"墨丘利连忙说："不！不！我跑的快，还是让我当传递信息的信使神好！"宙斯说："好吧！"从此，墨丘利就当了信使神。

为了赔偿太阳神的损失，墨丘利把七弦琴赠给了阿波罗。太阳神也把自己手中的带有双翅的魔杖给了墨丘利。从此两个神仙成了最亲密的朋友。

课后实践

选一根1米的绳子，在一端绑上一个橡胶摆球（或者樱桃），抓住绳子的另一端并伸直手臂抡起樱桃转动，要保持绳子是直的。记录你胳膊挥动的速度（一分钟转几圈）。减少绳子的长度，再挥动胳膊，记录下你胳膊挥动的速度。多做几次，进行比较，看看能发现哪些规律。再想想水星公转速度减慢会发生什么。

第 **11** 课

地球的姐妹——金星

图 11.1 金星符号

唐代诗人李白，也叫"李太白"，"太白"就是金星。他用天空中除太阳、月亮以外最亮的一颗星为自己命名。在西方的神话中，它则代表"维纳斯"，是美和爱的象征。金黄耀眼的金星是夜空中的明灯，最亮时达到 -4.9 等，在全黑的环境里，甚至能够映出人的影子。

图 11.2 带地景的金星

图 11.3 探测器拍摄的金星

金星是一颗类地行星，其大小、质量和密度与地球相近，是除去月亮距离地球最近的天体，被称为地球的"姐妹星"。从位置上看，它是距离太阳第二近的行星，致使它又有着特立独行的一面。

☆ 金星的特点

（1）金星是地球最近的邻居，最近时只有 4 000 万千米，而地球的另一个邻居火星，最近时要有 5 600 万千米。

（2）金星的大小和地球最接近，它的半径为 6 053 千米，体积、质量和表面重力分别约是地球的 87%、82% 和 90%。

（3）金星的结构也和地球一样，有着核、幔和壳（qiào），外面还包裹着浓密的大气层。

☆ 特立独行的金星

　　在太阳系八颗行星中，金星是唯一没有磁场的行星，在行星中其轨道最接近圆形。其自转方向与公转方向相反，是自东向西转动的，在金星上能看到太阳是西升而东落的场景。金星绕日公转一周仅需 224.7 天，而自转一周的时间是 243 个地球日，金星上一昼夜的时间是 117 个地球日，算得上"度日如年"了。

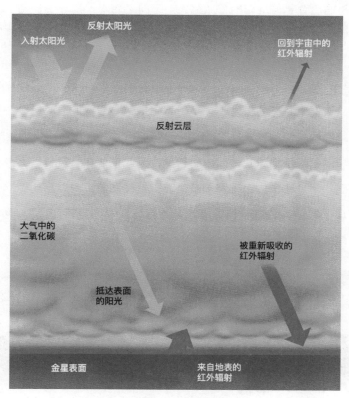

图 11.4　温室效应

　　金星与地球有着那么多的相似之处，但与地球的勃勃生机相比，它却是另一番世界。在地球上，二氧化碳只占大气成分的 0.0033% 。而金星上二氧化碳的比重占到了大气成分的 98 % ，这使得金星上产生了极为严重的"温室效应"。阳光通过二氧化碳气体照到金星表面，又阻隔金星表面红外线向外辐射，无法对外进行热交换，就像一个在烈日下暴晒的玻璃暖房，热量不能很好地散发出去，

造成了 480℃的高温环境，使得那里成为酷热的不毛之地。更加残酷的是空气之中有腐蚀性很强的硫酸雾，不时还有火山爆发，喷出二氧化碳和硫黄。这样一片火热赤红的高温世界，使一切生物荡然无存。

课内活动

你能总结出金星与地球的相似之处与不同之处吗？说一说，鉴于金星的温室效应，该如何保护地球，才不至于让我们美好的家园重蹈金星的覆辙。

金星之美

金星是天空里最亮的行星，这是因为它是距离地球最近的行星；其次它表面飘浮着浓厚的云层，反照率[1]很高，达到85%，在八颗行星中数第一。

金星和水星都是地球轨道以内的行星，因此只能在早晨日出之前或日落黄昏之后看到。早晨在东方出现属于晨星，正是民间流传的"启明星"；傍晚在西方出现属于昏星，名曰"长庚星"。《诗经》中："东有启明，西有长庚"正是指不同时间的金星。

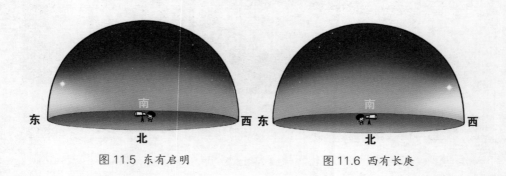

图 11.5 东有启明　　　　　　　　　图 11.6 西有长庚

如果用望远镜观察，会发现金星并不是圆形的，而是一轮月牙或凸月。

用一首儿歌可以概括金星上的情况：

> 维纳斯，是金星。早晨黄昏亮晶晶。
>
> 表面高温热死人。二氧化碳做帮凶。

名词解释

【1】反照率——表示行星或卫星反射太阳光的能力。

拓展阅读

人类对金星的探索

从 1961 年以来，人类向金星发射了 30 个探测器，其中有 21 个获得了成功。加上各种路过金星的探测器，总数已超过 40 个，传回了十分珍贵的资料数据，发现了金星有如地狱一般的残酷环境。

1981 年 11 月 4 日，苏联发射了"金星 14 号"探测器，发现金星上铺着红褐色的沙土。"水手 2 号"扫描了金星表面，测定了金星的自转周期：243 天自转一圈，而且逆向自转。1989 年 5 月 5 日，美国利用航天飞机发射了"麦哲伦号"探测器。1990 年 8 月 15 日到达金星，获得了完整

图 11.7 金星快车

的金星地图，发现金星上的尘土细微而轻盈，较易于被吹动，探测表明金星表面是有风的，没有天然卫星，没有水滴，大气主要以二氧化碳为主，不适宜生命存活。1990 年 2 月飞往木星的"伽利略号"探测器途经金星，成功地拍摄了金星的紫外、红外波段的图像。金星的面纱被我们慢慢剥去，还有很多未解之谜等着我们去探寻。

美神维纳斯与金苹果的故事

在晴天的夜晚或清晨，我们经常会看到天上的星星在闪闪发光，其中最亮的一颗星星是金星，金星像是天空中一颗最大的宝石，烁烁放光。在英文中叫做"维纳斯"（Venus），这是罗马神话里"最美丽的女神"。下面我们就讲一讲她的故事。

很久以前，希腊有一位勇敢的国王珀琉斯和海神的女儿忒提斯结婚，举行了盛大的婚礼。这位国王请了天上的许多神仙来到了婚礼现场，就连最大的天神宙斯也来了。其中还有12位女神，她们穿着七彩的服装，艳丽无比。只是他们没有邀请第13位女神——妒忌女神。因为妒忌女神有一个怪脾气，谁家有了高兴的事情，她就大哭，谁家有了灾难她就快乐，于是大家都讨厌她。可是这位妒忌女神不请自来，她飞到了婚礼现场的上空，扔下了一个金苹果。参加婚礼的人和神看到一道金光从空中闪过，落下一个金苹果，捡起来一看，在金苹果上面刻着几个字："献给最美丽的女神"。婚礼现场被打乱了，每一位女神都认为自己是最美丽的，纷纷上来争抢这个金苹果，其中有三位女神争抢得最激烈，她们是天后赫拉、智慧女神雅典娜和爱与美的女神维纳斯。她们一边争抢着金苹果，一边嘶哑地喊叫着："我是最美丽的女神！"她们争得不可开交，婚礼现场大乱，婚礼进行不下去了！

正在这时，天神宙斯使劲一拍桌子，厉声喊道："你们不要争吵了！在易达山上有一位人间最英俊的男人，名字叫帕里斯，他是特洛伊城的王子。让信使神墨丘利把他请来，给你们当裁判吧！"于是墨丘利立刻起飞，不一会儿就飞到了易达山上见到了帕里斯，对他讲了事情的经过，最后说："你骑到我的背上，闭上眼睛，跟我到婚礼现场当裁判去吧！"

帕里斯照着墨丘利的话做了，转眼之间来到现场，站在了三位女神面前。宙斯把金苹果交到帕里斯的手里，说："请你仔细地看一看，再公平地做出裁决。她们当中谁最美丽、最标致、最漂亮，你就把金苹果交给她。"

帕里斯站在三位女神跟前，仔细地看着她们的面孔和身段，她们都是那样

的神圣，那样的美丽，越看下去，越是感到迟疑，心里拿不定主意，该选谁最好呢？审视了很长时间以后，他才觉得还是那位年轻优雅的维纳斯最迷人、最可爱。于是他把金苹果放到了维纳斯手中。

课后实践

1. 使用望远镜观看，会看到金星也像月亮一样，有时弯弯，有时半边，有时接近圆形。但是也有跟"月相变化"不同之处，这是为什么？请你想一想再回答。

2. 在下图的箭头处，写出下列的天文名词："东大距""西大距""早晨""黄昏"。

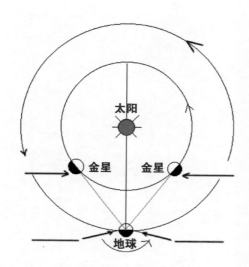

图 11.8 从地球看金星，最适合观测的两个相对位置

做一做

寻找二氧化碳的踪迹。金星大气的主要成分是二氧化碳，你想看到二氧化碳的踪迹吗？

材料

瓶装可乐 2 瓶，薄荷糖一包。

操作

1. 摇晃可乐瓶，然后打开盖子，观察。注意打开盖子时瓶口朝外。思考：是什么使得可乐喷了出来？

2. 打开第二瓶可乐，平稳静置，快速放入 2~3 片薄荷糖，迅速闪开。薄荷糖可以加速可乐中的二氧化碳涌出，观察。

Lesson 12

第 12 课

袖珍的地球——火星

图 12.1 火星符号

火星是一颗充满神秘色彩的行星，它那荧荧如火的赤红色，让人感到迷惑，我国古代称为"荧惑"。在西方用神话中的战神玛尔斯的名字命名。

火星是地球轨道外侧的第一颗行星，也是最像地球的行星，法国的一位天文科普作家称它是"袖珍的地球"。这是因为火星与地球有着相似之处。但是，同时也应看到，火星与地球有着显著的不同。

★ 火星与地球的相似之处

第一，我们知道，由于地球的公转和自转，产生了昼夜交替，一个昼夜的长度为 24 小时。而火星的一昼夜是 24 小时 41 分钟。如果将来人类移居火星，一定不会感到作息不便。

图 12.2 火星与地球的对比图

第二，火星与太阳的平均距离是 22 700 万千米，687 天公转一周，这几乎是地球公转周期的 2 倍。凑巧的是两个星球倾斜角度几乎是相同的，也就是说，两个星球都是一样地侧着身子围着太阳公转，于是火星上也有类似地球的四季变化，只不过每个季节的长度是地球上的 2 倍。

火星与地球的不同之处

第一，火星距离太阳比地球远，约有 1.5 个天文单位。在火星上看到的太阳面的大小，还不及地球上看到的一半儿，因而那里单位面积得到阳光也不及地球的一半。在地球上的平均温度是 +15℃，而火星上的平均温度为 −23℃，跟地球南极的平均温度差不多。在那里很难找到液态水。

第二，火星的体积不足地球的 1/4，质量不足地球的 1/10，表面重力加速度是地球的 0.38，未来移民到那里的"火星人"会感到身体轻飘飘的。由于引力小，已经造成了大气的大量逃逸，因而空气稀薄。

目前探测结果显示，火星表面是一片荒漠的世界，由于土壤里富含铁锈显现出红色，有时刮起飓风，卷起的漫天红沙覆盖了整个星球。火星两极铺着冰原，有时在地面望远镜中就能看到白色的"冰帽"，但那里主要是冻结的二氧化碳，俗称干冰。只有在水星北极有少量的水冰。

2001 年 6 月 26 日　　　　　　2001 年 9 月 4 日

图 12.3　哈勃望远镜拍摄的火星全球性沙暴

图 12.4　火星上存在液态水的证据

最新的探测已经证实，火星上有水，但至今还没有找到任何生命的痕迹。

用一首儿歌可以概括火星上的情况：

荧荧赤红火星，冠以战神美名。

两极覆盖冰雪，水在地下结冰。

一旦飓风骤起，万里沙漠腾空。

⭐ 火星卫星

火星有两颗卫星，火卫一和火卫二，是两颗形状不规则的卫星。

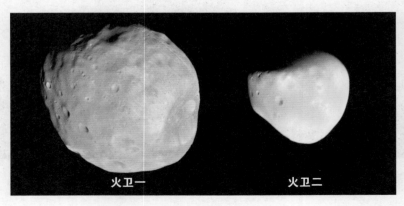

火卫一　　　　　　火卫二

图 12.5　火卫一和火卫二

课内活动

1. 火星的土壤是砖红色的，里面含有大量的氧化铁，那我们周围，哪些地方能够找到氧化铁呢？查询氧化铁如何形成的，并思考在火星上找到氧化铁，可以推断什么结论？

2. 查资料，并以《我登上了火星》为题，展开想象，描写如何把火星改造为人类居住的基地。

拓展阅读

人类对火星的探索

2015 年 9 月 28 日，美国国家航天局（NASA）发布了一个重要的消息：火星勘测轨道飞行器（MRO）找到了火星上的液态水。这是全世界人们早已盼望的"大新闻"。其证据就是通过探测，使人看到了在温暖山坡的向阳面上，出现了"季节性斜坡纹线"。这些较暗的纹线在温暖的季节里出现，在寒冷的季节消失。这是因为只有温暖的气候才能使冰雪融化，产生出的液态水会与其他物质化合，形成"水化物"，这些物质在阳光之下显得暗一些，从而暴露了水的存在。人类在火星上找水的过程，经历了半个多世纪，才有了这样的成绩。

图 12.6 火星勘测轨道器

图 12.7 勘测器拍到的最新火星图

1877 年 8 月，正是火星大冲的时候，意大利天文学家斯基帕雷利使用大型望远镜对准火星，他意外地发现火星上有暗色条纹，命名为"沟渠"，意大利文是"Canali"。这个词翻译成英语是 Canal，只是缺少了最后一个字母，意思变成为"运河"（人工挖成的河流）。这一下子震撼了全世界。各大天文台和千千万万的天文爱好者一齐观望火星，寻找"火星人"。英国作家威尔斯的《火星人的入侵》描写了地球人与火星人的一场战争。

1965 年，"火星 4 号"探测器飞掠火星，发现火星整个是一个铺满红色沙漠的荒凉星球。接着，在 1971 年，"水手 9 号"飞到火星上空，为火星绘制了地图，发现火星表面有被流水冲刷过的痕迹，这让人非常振奋。这说明火星在过去的许多年里有过河流与湖泊。

1976 年，"海盗号"两兄弟分别降落在火星的东、西两半球，它们伸出机械手取土化验，证明在土壤中的水分含量达到了 1%。2001 年"火星奥德赛"利用伽马射线探测仪，探测了数米深的地下土壤，证明了火星上普遍存在着水的分子。2008 年"凤凰号"探测器发现了火星的两极有大量的冰雪，并且看到了有些冰在阳光之下直接变成水蒸气的现象（这叫做"升华"）。

在这些探测的基础上，人们终于找到了液态水存在的证据。水是生命的源泉。在找到液态水的下一步就该探测火星上的生命了！让我们等待着更好的消息吧！

战神火星的故事

你一定还记得"金苹果的故事"吧？当时三位漂亮的女神维纳斯、雅典娜、赫拉争抢金苹果，吵得不可开交。宙斯派信使神墨丘利请来了特洛伊城王子帕里斯到现场当裁判。帕里斯站在她们面前看了很久，最后把金苹果交到维纳斯手里。维纳斯非常感激帕里斯，她发出了神的誓言说："我保证把世界上最美丽的女人给你做妻子。"可是雅典娜和赫拉恨死了帕里斯，在心里诅咒说："你绝没有好下场！"

　　帕里斯完成了裁判的任务，回到了特洛伊城父母的身边，过着幸福的生活。不久，国王派他率领一支军队到希腊去。当时主持希腊国家政事工作的是王后海伦，她是世界上最美丽的女人。两人一见面，互相惊呆了：帕里斯立刻想起了维纳斯的誓言，看到了最美丽的女人；海伦也看到了俊美的王子帕里斯。

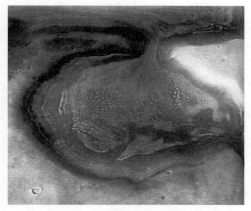

图 12.8　火星上水流的痕迹

两人一见钟情，帕里斯指派军队抢走了美女海伦，双双回到了特洛伊城，两人结婚了。这样就引起了希腊人的公愤，调集了十万大军去攻打特洛伊城，爆发了 10 年的特洛伊战争。

　　这是一场神仙和人类都参加的战争。美神维纳斯和战神马尔斯站在了特洛伊城一边，打击希腊人；赫拉和雅典娜站在希腊人一边，与特洛伊人作战。在作战中希腊的一员大将军直接冲向维纳斯，刺伤了她的手腕，流了很多血。她的好朋友——战神马尔斯立刻上前把她救下战场，用一辆马车把她送到后方去，转身又回到战场继续战斗。他正巧遇到了仇人雅典娜。雅典娜头上戴着隐身盔，马尔斯看不见她，但是她能看见马尔斯，便一剑刺向马尔斯的腰部。马尔斯受伤了，一瘸一拐地逃出战场，到了父亲宙斯面前求救。宙斯用手抚摸马尔斯的伤处，立刻就好了，他又回到了战场继续战斗。

　　马尔斯举起长枪向雅典娜刺去，雅典娜举起盾牌阻挡。这个盾牌好厉害呀！它把马尔斯的长枪都顶得弯曲了。就在马尔斯一愣之间，雅典娜搬起了一大块黑石头向马尔斯的脖子处砸去。马尔斯受了重伤，维纳斯立刻抱起马尔斯，想把他救走。赫拉向着雅典娜高喊："快追上去，拦住他们逃跑"。雅典娜追上去，朝着维纳斯的头部狠狠地打了一拳。两人双双倒地，爬不起来了。雅典娜喊道：

"谁要是帮助特洛伊人，谁就是这样下场！"没有人再敢帮助特洛伊人，希腊的军队冲进了城里，放起了大火，全城陷入一片火海之中，帕里斯遭了大难。

战神马尔斯是火星的保护神，火星是一颗红色的行星，看到它使人想到了火焰和战争。整个火星的表面都是沙漠，比起地球上的大沙漠还要干燥 100 倍。那上面也有一层大气，经常会刮起狂风。用天文望远镜观看，在火星的南极和北极，带着冰雪的帽子，那里有水冰和干冰，有待未来的航天员去开发。

课后实践

利用观星软件查询火星，如果适合观测，选择晴好的夜晚，对照星图在天空识别火星，并观察火星与其他星星的颜色区别。

第 13 课

行星之王——木星

图 13.1 木星符号

木星在我国古代称为"岁星"或"太岁"，约 12 年绕太阳公转一圈，与十二生肖和十二地支相对应，可以用来纪年，称为"岁星纪年法"。木星的英文名称是 Jupiter，古希腊称为"宙斯"，古罗马则称为"朱匹特"，代表着最大的天神。在太阳系的行星中，不论质量还是体积都能排第一。它的质量是其余 7 颗行星质量总和的 2.5 倍，体积是地球的 1 316 倍，因此被称为"行星之王"。

图 13.2 宇宙中的木星

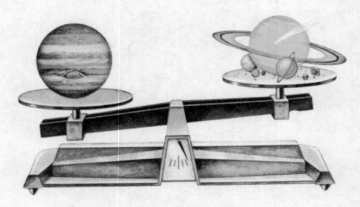

图 13.3 七颗行星与木星

　　木星是一颗气态行星，不是由岩石构成的，而是像太阳一样由氢气和氦气等气体构成的。虽然它的密度[1]较小，但是自转速度很快，不到 10 个小时就

能自转一周。它距离太阳比较远，是地球到太阳距离的 5 倍多，所以表面平均温度是 –170℃左右。大红斑和斑马纹是它最显著的标志。

☆ 木星的斑马纹

木星的斑马纹的形成，与两个因素有关。首先它是一颗"流体行星"。其表面有 1 000 多千米厚的大气层，由氢气、氦气、甲烷、氨气、红磷气体组成，反射出各种色彩。大气层的下面是液态氢、氦的海洋，有 70 000 千米深，至核心处才有一个体积很小的岩石核。木星由表至里温度逐渐升高，到了核心处，温度在 30 000℃以上。下面的气体猛烈上升，冲起的巨浪在阳光下形成高高的气体"山脉"，叫作"带"。冷却后的气体又急剧下降，形成下沉的深谷，阳光被遮蔽，显得很暗，叫作"纹"。明暗相间的"带纹"就是这样形成的。

木星是太阳系中自转速度最快的行星。木星半径是地球的 11 倍，在地球的赤道上，每秒钟向东转的速度是 463 米，而在木星上这个速度是 12 362 米，比在地球上发射的飞船还要快。木星的云层，被这么快的速度无休无止地拉扯着，便形成了斑马纹。

图 13.4　木星条纹

★ 木星的大红斑

在使用望远镜观察木星时，可以看到木星南纬23°附近有一个大红斑。它是一团沿逆时针方向激烈运动的下沉气流，很像是地球上的台风，每6天转一周，风速相当于地球上的12级飓风，红颜色则是因为充斥着红磷气体。在地球上，飓风可在几天内形成和消失不见，然而在木星上，大红斑已经持续至少300年了。

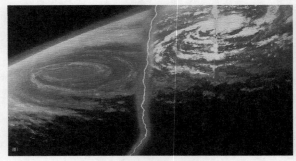 

图 13.5　木星大红斑与地球台风对比　　图 13.6　哈勃拍摄到的大红斑

通过天文学家的观测，木星大红斑的颜色有时浓有时淡，位置会有一定的移动。最新的研究发现，木星大红斑的直径正在一天天地"缩小"。19世纪末的记录显示，大红斑直径41 000千米，足以装进3个地球；但是最近的一次测量为16 500千米，只可以装进1个地球了。从2012年的测量发现，大红斑缩小的速率正在加大，每年缩小900千米，而它的形状也由椭圆形逐渐接近了圆形。

课内活动

模拟木星的大红斑

材料

一个玻璃杯，茶叶若干，搅拌棒一个。

步骤

向玻璃杯中注入三分之二的水，将茶叶倒入其中，用搅拌棒在杯子中朝一个方向画圆搅动，观察旋转的茶叶形成的漩涡。

木星的卫星

木星是一个大家族，它拥有 67 颗卫星。如果能站在木星表面，将会看到大小不一的"月亮"此起彼伏地升起和落下。其中木卫一、木卫二、木卫三和木卫四是最早被发现的四颗，也被称为伽利略卫星。

图 13.7 伽利略卫星近景

木星的观测

木星距离我们最近时有 6 亿千米，但由于体积较大，且表面大气反照率很高，其亮度仅次于金星，所以为天空的第二亮星。一般亮度可达 –2 等，最亮时甚至达到 –2.9 等，如此亮的行星，即使在灯光污染比较严重的城市里，只要避开强烈的灯光，也能够看到这颗闪亮的白色星高挂天空，熠熠生辉。

观看木星表面细节和卫星一定要使用天文望远镜。由于伽利略卫星的公转周期分别是 1.8 天、3.6 天、7.2 天和 16.7 天，所以如果我们利用半个月的时间来观测木星的卫星，那么我们就可以看见木星的卫星在围绕着木星变换着队形，时而躲到木星身后，时而转到木星身前。使用口径[2]大和倍率大的望远镜还可以看到木星身上的彩色条纹和大红斑。

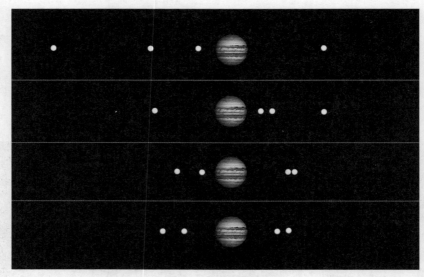

图 13.8　木星伽利略卫星

用一首儿歌可以概括木星上的情况:

> 宙斯手拿三件宝，霹雳闪电雷锤扫，
>
> 千年旋风大红斑，彩色纹带飞速跑。

名词解释

【1】密度——是单位体积的质量。

【2】口径——是望远镜镜筒圆面的直径，是衡量望远镜的重要参数。口径越大，目标越清晰。

拓展阅读

人类对木星的探索

第一个访问木星的探测器是"先驱者 10 号"，1972 年 3 月 2 日发射，1974 年 3 月 2 日到达，探测到木星的磁场，拍摄了第一张木星照片。"先驱者 11 号"探测器于 1973 年 4 月 6 日发射，1974 年 12 月 3 日到达，测量到木星的磁场有 6 亿 9 千万千米长。高清晰度的木星照片，使科学家发现并确

图 13.9　"先驱者 10 号"

图 13.10　"先驱者 11 号"

认了木星的光环。

"卡西尼／惠更斯号"于 1997 年 10 月 15 日发射升空。2000 年 10 月 1 日至 2001 年 3 月 31 日期间，途经木星，拍摄到了木星的彩色照片。

1989 年 10 月 18 日，"伽利略号"升空，1995 年 12 月 8 日进入木星轨道。它所携带的着陆探测器在坠入木星的过程中，虽然只工作了 58 分钟，但是发回了木星的温度、风速、元素组成等重要信息。

美国的"朱诺（Juno）号"于 2011 年 8 月 5 日升空，并于 2016 年 7 月 4 日成功抵达木星。凭借强大的技术，"朱诺号"获得了史无前例的木星云层高清图，这有利于我们深入了解木星的内部结构、大气环流及磁场，探索木星的演化过程。

天神宙斯的故事

在古希腊的神话故事里，宙斯是最有权威的天神。他住在高高的奥林匹斯山上，发号施令，统治着一切神仙和人类，被称为"众神之父""万人之王"。有一次他向众神挑衅说："如果从天上挂下一条金锁链，我握住上面的一头儿，你们全都拉住下面的那一头儿，无论怎么用力往下拉，也绝不会把我拉到地下去；可是我只要轻轻地往上一提，就可以把你们连同你们脚下的大地、海洋一齐拉

到天上来。"众神听了宙斯的话，都战战兢兢，谁也不敢和他对抗。

　　有一次，宙斯和儿子墨丘利化装成了乞丐的样子，来到民间乞讨，以考察民情。他们徒步走了三天三夜，显出疲劳不堪的样子，可是没有一个人可怜他们，没有人招呼他们进屋、给他们饭吃、给他们水喝。宙斯很生气，说"这些人的心肠太坏了，应当让他们全部死掉！"可是不久他们遇到了一对名叫丢卡利翁和皮拉的老夫妇。老夫妇不但招呼他们进屋，还给他们做了最好的饭吃，饭后铺好床铺让他们美美地睡了一觉。宙斯在临走的时候说："七天之后，要发大水，在这之前你们一定要造好一只大船，把粮食、牲畜和所用的东西搬到船上去！"

　　从此夫妇两人忙开了，其他人不相信这件事，照样过着悠闲的日子，还笑话老夫妇瞎忙活。七天之后，天空下起了大暴雨，地上水流成河。宙斯又找到海王，让他兴风作浪。海水汹涌地冲上陆地，人们全被淹死了，只见一片汪洋。只有丢卡利翁和皮拉在船上躲过了这场灾难。

　　40天以后，洪水退去了，大地上一片凄凉，到处是人和动物的死尸，只剩下了这对老夫妇还活着。他们看到了荒凉的景象，抱头痛哭。后来他们找到了正义女神，女神说："回到你们的土地上，蒙上你们的头，把你们母亲的骨骼扔到身后吧！"他们想到："大地是我们的母亲，骨骼就是地上的石头。"回到家里，他们照着女神的话做了。他们蒙着头，把大大小小的石块向身后扔去。奇迹出现了！丢卡利翁扔的石头，全变成了男人，皮卡扔的石头全变成了女人。夫妇俩高兴极了，他们坚持着扔了365天，从此大地上出现了新的人类。他们绝大多数是心地善良的人，直到今天。

课后实践

　　利用观星软件查询木星，如果适合观测，选择晴好的夜晚，对照星图在天空识别木星。如果有望远镜，尝试用它观察木星和伽利略卫星。

第 14 课

草帽行星——土星

图 14.1 土星符号

我国古代称土星为"镇星"，西方用萨杜恩来代表它。绚丽的土星，再加上那大檐草帽一样的光环，称得上是太阳系中最美丽的行星。

土星概况

土星是仅次于木星的第二大行星，体积是地球的745倍，质量是地球的95倍，密度是水的0.7倍。如果把它放在大海里，会像一个软木塞一样漂浮起来。土星位于木星轨道外侧，离太阳有9.6个天文单位，每29.5年围绕太阳公转一圈，每19小时14分钟自转一周。土星和木星一样，没有固体的表面。在中心有岩石构成的核心，核心之外是5 000千米厚的冰壳和上万千米厚的金属氢，最外面的一层是由氢、氦、甲烷构成的大气。大气上层漂浮着云带，呈现出金黄、橘黄、淡黄等绚丽的颜色。云层顶上的温度有 –170℃。

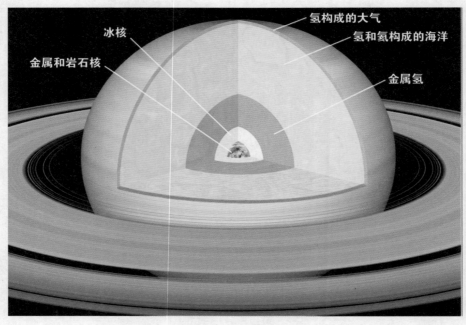

氢构成的大气

氢和氦构成的海洋

冰核

金属氢

金属和岩石核

图 14.2 土星结构

使人最感兴趣的，还是土星的光环。人类已经进行了 400 年的探索，至今也没有完全揭开光环的全部奥秘。

★为什么土星光环最美丽？

在太阳系里，木星、土星、天王星、海王星都有光环，可为什么唯独土星的光环如此美丽动人，而其他行星的光环即使用望远镜也难以看到呢？

图 14.3 木星、土星、天王星、海王星光环

地面望远镜的探索

人类对土星光环的探索开始于天文望远镜的发明。1609 年，意大利的物理学家伽利略制造了第一架天文望远镜。他用望远镜发现土星两旁会出现两个小亮点，起名"三合星"。1655 年，惠更斯改进望远镜后发现土星完整的光环。1675 年，法国天文学家卡西尼发现了"卡西尼环缝"。后来德国天文学家恩克又发现了"恩克环缝"。

恩克环缝

卡西尼环缝

图14.4 卡西尼环缝和恩克环缝

航天时代的探索

"旅行者1号"探测器在1980年11月13日，到达了距离土星124 370千米处，所看到的光环和从望远镜中看到的有很大的不同：土星环多得数不清，就像光盘上的纹路。这些环是由成千上万的碎冰块组成的，它们大小不等，形状各异，犹如千军万马，浩浩荡荡地围绕着土星旋转。这些旋转的冰块，犹如宇宙中的宝石，在太阳光的照耀下相互反射，熠熠生辉，绚丽多彩。

图 14.5　土星光环近景

2004 年 7 月 1 日，土星探测器"卡西尼号"近距离飞抵土星，发现"主环"之外，还套着一个更大的"外环"，其半径是土星半径的 8 倍多。为什么以前没有看到它呢？原来这里的冰粒、土粒非常微小而且稀薄，整个环就跟"空无一物"差不多，因而这个外环是透明的。

图 14.6　"卡西尼号"探测器拍摄的土星外环

⭐ 会变的土星光环

　　早期伽利略和惠更斯观测到土星光环时，就已发现不同时期看到的光环是不一样的，但由于观测精度不够，既看不清楚环更搞不清楚原因，甚至以为土星长了能变幻的耳朵。

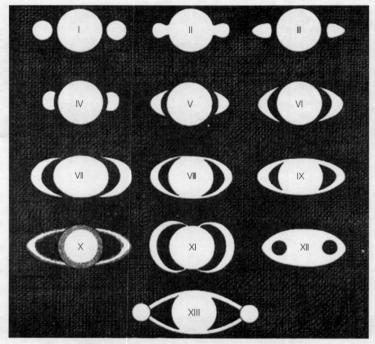

图 14.7　早期惠更斯绘制的土星光环示意图

　　现今，空间望远镜和探测器已经能为我们呈现清晰的土星光环照片。随着长周期的观测，土星光环的确在变化，由宽变窄，甚至"消失"；然后又由窄变宽，周而复始。

图 14.8　哈勃拍摄的土星环变化

图 14.9 土星环变化周期

⭐ 土星卫星

土星拥有 62 颗卫星，其中土卫六是一颗令人类向往的星球。

课内活动

1. 猜想：为什么土星会有一个有着大量冰块的光环呢？

2. 变化的土星光环：一个带帽檐的草帽，变化角度，观察者由侧视到俯视。观察者表述帽檐的情况（也可以用一张纸或者一本书代替）。推测土星光环变化的原因。

图 14.10 演示草帽示意图

拓展阅读

土星的神话

土星的保护神是萨杜恩。他在推翻了父亲乌拉诺斯的统治之后，当了第二代天王，还娶了仙女瑞亚做了王后。有人预言，在不久的将来，他也要像父亲

一样被他的儿女们推翻王位，并且被扔到地狱里去。他因此害怕极了。

有一天，看到瑞亚的肚子大起来了，他就坐在妻子旁边。当瑞亚生了孩子，递到他的手里时，他就张开大嘴，一口把孩子吞咽下去。就这样，他在五年当中一连气吞下了五个孩子。

在第六个孩子——宙斯出生之前，瑞亚找来了一块黑石头，用小被子包起来。当萨杜恩来了以后，她就把这个假的婴儿递了过去。萨杜恩连看也不看，一口吞了下去，就放心地走了。这时瑞亚才生下了真的儿子——宙斯。可是怎样养大这个儿子呢？千万不能让萨杜恩看到呀！她抱着孩子出去，请了两个仙女把爱子藏在一个山洞里抚养，还找来一只肥大的母羊，给孩子挤奶喝。

后来，宙斯长大了，瑞亚把他叫到跟前说出了事情的经过。母子俩商量了一个好办法——他们熬了一碗使人呕吐的中药，哄着萨杜恩喝了下去。没想到萨杜恩喝完不久就呕吐起来，先吐出了一堆破布和石头，后吐出了五个孩子，孩子们在他的肚子里都长大了，他们都像宙斯一样，高大有力。

现在连宙斯一共有六个孩子，他们联合起来，把萨杜恩扔进了地狱。由谁来当第三代天王呢？他们采用抓阄（jiū）的方法决定王位：宙斯抓到了"天"字，成为第三代天王；波塞冬抓到了"海"字，当了海王；普鲁托抓到了"冥"字，当了地狱的冥王。

课后实践

利用观星软件，查找土星出没，如果适合观测，选择晴朗夜晚和适宜场地，对照星图在空中寻找土星并观察土星颜色。

第 15 课

躺倒自转的天王星

图 15.1　天王星符号

天王星是太阳系中距离太阳第七远的行星，是一颗 5.7 等的蓝色星，接近极限星等[1]，因此很难用裸眼找到它。它和木星、土星一样是由氢气和氦气构成的气态行星，表面也有巨大的气旋。跟其他行星不一样的是，它是"躺倒"在公转轨道的平面上打着滚儿自转的。

西方神话用第一代天神乌拉诺斯代表天王星。

⭐ 天王星概况

天王星的体积是地球体积的 65 倍，在太阳系排第 3 位，仅次于木星和土星。从望远镜里看是一颗蓝绿色的星球，表面被一层浓密的云层大气包围着，就像裹着一层严密的面纱，难以看清它的表面。1986 年 1 月，"旅行者 2 号"探测器，

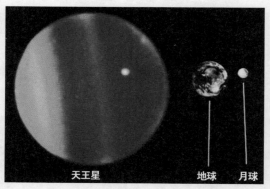

图 15.2　天王星和地球、月球大小的比较

飞到了距离它 8 万千米的地方，发回了 7 000 多张照片，探测到那里的表面温度为 –176℃。天王星表面有时候很平静，但是风暴骤起时，会刮起狂风巨浪。美国用哈勃望远镜还发现了一个长 1 700 千米、宽 3 000 千米的大气旋。天文学家推测，在云层的下面是 1 万多千米的冰幔，中心有一个岩石的核心。跟木星、土星、海王星一样，天王星也有光环环绕，并且有 27 颗卫星。

⭐ 天王星为什么是躺倒自转的？

天王星距离太阳有 19.5 个天文单位。就是说，它到太阳的距离是地球的 19.5 倍。在天王星上看太阳，只有地球上看到太阳的 1/370 那么大。它围绕太

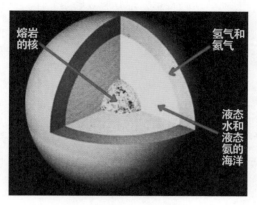

图 15.3 天王星内部结构

阳公转一周是 84 个地球年。17 小时 14 分钟自转一周。最奇怪的是，它的自转轴是"躺倒"在公转轨道上的。更形象地说，它是"打着滚儿"围着太阳公转的。在公转的 84 年中，它那里有着独特的四季，有着长达 40 余个地球年的黑夜和 40 余年的白昼。在 2030 年整个北半球都是黑夜；而在 2072 年，整个北半球都是白天。

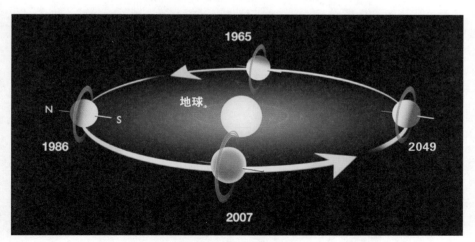

图 15.4 天王星公转图

在太阳系中，其他的 7 颗行星，都是侧立着身子围绕太阳公转的，只不过有一个倾斜的角度。比如地球倾斜了 23.5°，而天王星却倾斜了 98°，这样倾斜，它就"躺倒了"。

课内活动

1. 仔细观察图 15.4，在 2007 年到 2049 年这 42 年中北半球大部分时间是白昼，这么长的白昼，会不会造成那里的地面有极高的温度呢？说出你的答案和理由来。

2. 设想使天王星"躺倒"的原因。

名词解释

【1】极限星等——在天气无影响的状态下，视力健康的人能看到的最暗弱的星星的亮度等级。

拓展阅读

天王星是怎样被发现的？

天王星是在 1781 年 3 月 13 日晚上十点钟，由英国天文学家威廉·赫歇尔用他自制的望远镜发现的。威廉·赫歇尔于 1738 年出生在德国的一个音乐世家。父亲经常带他在星光之下演奏小夜曲，15 岁时参军当军队里的小提琴手。18 岁时德国和法国发生了战争，他为了逃避战乱，脱下军装一个人渡海逃亡到了英国，靠着演奏为生。3 年时间学会了流利的英语。在业余时间，他偶然遇到一本天文书，便如饥似渴地读了起来。他还自己动手制作了一架口径（望远镜物镜的直径叫做"口径"）16.5 厘米、长 200 厘米的大望远镜。到 1781 年他已经 43 岁了，这时比他小 12 岁的妹妹卡罗琳·赫歇尔也到了英国。3 月 13 日晚间，兄妹二人一起把望远镜指向双子座，按照计划进行观测。突然，

哥哥发现了一个异常的光点，再凝神一看，是一个蓝绿色的圆面。威廉·赫歇尔的心里怦然一动："这不是恒星！"为了看得更加清晰，他把原来的望远镜放大目镜，换成了放大率为 460 倍的。果然这个小圆面更大了。他知道，恒星距离我们非常遥远，不论望远镜放大多少倍，都是针尖儿一样的小光点。行星则不然，因为距离比较近，所以能放大成为圆面。他断定这是一颗行星！第二天晚上再继续观看，发现它在恒星之间移动着，确定是行星无疑。于是他向全世界公布了这一发现。

　　天王星的发现，开阔了人们的眼界，引起了人们更深层次的思考。原来以为土星是太阳系的边界，它距离太阳有 9.5 个天文单位，而天王星距离太阳有 19.5 个天文单位，使人类的视野向外扩大了一倍。

天王星的神话传说

　　图 15.1 画的是第一代天神乌拉诺斯，天神的背后是蓝色的天王星符号。很久以前，宇宙里还没有天空和大地，是一团迷雾，没有月亮，也没有太阳和星星，更没有陆地和海洋。宇宙的面貌逐渐转变着，不知过了多少年，轻的气体上升，形成了蓝色的天空；重的气体下降，形成了黄色的大地；天地之间是透明的空气。后来，天空里出现了太阳、月亮和星星，在地面上有了白天和黑夜。随后，最早的天神诞生了。最早的女神叫盖亚，男神叫乌拉诺斯。他们结合起来，生下了几个漂亮的儿女。可是，每当盖亚生下一个孩子以后，乌拉诺斯就把他藏在一个地下秘密的地方，囚禁在黑暗之中，这使盖亚非常生气！当生下最小的萨杜恩时，盖亚每天都紧紧地守护在儿子身旁。有一天，她故意离开儿子，躲在屋角处藏了起来。只见乌拉诺斯偷偷地钻进屋里，从床上抱起儿子就走。盖亚悄悄地跟在后面，看见乌拉诺斯走入地下，把萨杜恩扔到最黑暗的一个角落里，转身就走了。这时，盖亚打开了关闭的地狱之门，放出了孩子们。这些孩子在地狱里都长大了。萨杜恩和哥哥、姐姐们在

妈妈的带领下，奔向了天上的王宫，抓住了作恶多端的乌拉诺斯，大家把他抬起来，一齐使劲把他扔进了最深的地狱。据说乌拉诺斯九天九夜才从天上掉到地上，然后又经过九天九夜才从地上掉到地狱的最深处塔尔塔洛斯。

课后实践

　　找到其他学过的行星的倾斜角度，然后做成模型，和同伴一起说一说不同的倾斜角度，会导致什么样的现象产生。

第 16 课

海王星上的大风暴

图 16.1　海王星符号

西方神话中用海神波塞冬来代表海王星。海王星是距离太阳最远的行星，距离太阳约 30 个天文单位，约合 45 亿千米。需要 165 年才能围绕太阳公转一周。它的亮度只有 7.6 等，在望远镜中它是一颗蓝绿色的星球，有着大海一样的意境。它的体积是地球的 57 倍，在 8 颗行星中排在第 4 位。

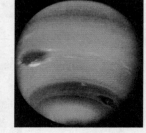

图 16.2　海王星面貌

根据观察，在海王星南半球，有一只巨大的"黑眼睛"，在赤道上还有着更大的气旋，整个表面上刮着强烈的飓风。这样剧烈变化的天气是怎样形成的呢？让我们一起来揭开这个谜底。

★ "旅行者 2 号"的探测

1989 年 8 月 24 日，美国发射的"旅行者 2 号"探测器到达了海王星的上空，在距离 4 827 千米的高空，进行了探测。从发来的照片上我们可以看到，海王星的表面变幻莫测，有着像大海一样的狂风巨浪，那里的风速达到了每秒 300 千米，比地球上的 12 级台风还要强 10 倍。

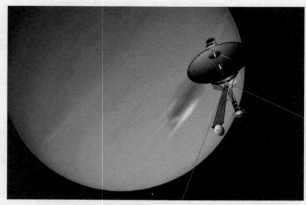

图 16.3　"旅行者 2 号"飞掠海王星

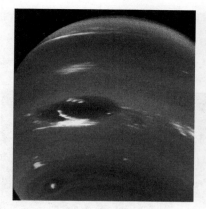

图 16.4 海王星大黑斑

图 16.5 海王星上的"黑眼睛"

在海王星的南半球有一个巨大的黑色漩涡，很像一只大眼睛，东西长12 000 千米，南北宽 8 000 千米，如果搬到地球上，会占据我国 2/3 的国土。这个气旋不时地发生着变化，像在不停地"眨眼"。科学家推测，这个大黑斑是大气活动最为剧烈的表现。那里的风速会更大。

☆ 哈勃望远镜的观测

1995 年，美国用哈勃空间望远镜，对准海王星进行拍照。与 6 年前"旅行者 2 号"拍摄的照片进行了对比。使人感到奇怪的是，南半球的那个大黑眼睛消失不见了，而在北半球出现了几个比较小的黑眼睛。这些小眼睛飘飘忽忽，似乎在诉说着什么奥秘。短短的 6 年，这在宇宙之间只是一闪，海王星就发生了这么大的变化，真是令人吃惊！

巨大的能量是从哪里来的？

地球上的风暴，是借助了太阳送来的能量引起的，难道海王星上也有惊人的太阳能？绝对不是！海王星是距离太阳最远的行星，其距离比地球远 29 倍，单位面积得到的太阳能是地球的九百分之一。太阳能量在那里是微乎其微的。有的科学家推测：海王星表面是由氢气、氦气和甲烷气体构成的，大气下面是由甲烷、水、冰构成的，再往中心是一个跟地球一样大的岩石核心。由于中心有着巨大的引力，整个星体正在不断地向中心坍缩，经过这猛烈的一压，产生了巨大的能量，使内部水分变热，像开水锅一样，热气和温水向外猛烈地喷出，成为巨大的风暴。

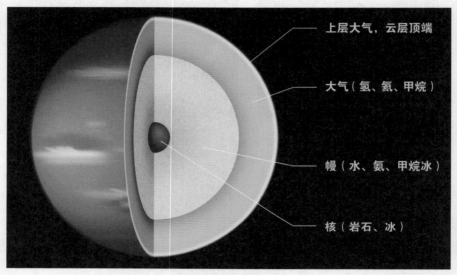

图 16.6 海王星结构图

笔尖下的行星

1781 年发现了天王星以后，许多天文学家对它进行了观测，有一个共同的发现：它公转的速度有时快一些，有时慢一些。这是为什么？人们猜想：在天王星的轨道之外，有一颗我们所不知道的 X 行星，当 X 行星在天王星前边引路时，就会吸引着它加速运动；相反，当天王星在前边走，X 行星在后边追的时候，就会扯它的后腿，吸引着它减速运动。由天王星的加速和减速，就可以计算出 X 行星的位置，把望远镜指向那个位置，就可以发现 X 行星。英国的一位 23 岁的大学生亚当斯勇敢地承担起这一艰巨的任务。他用一年的时间，在 1845 年 10 月 21 日算出了结果，并把计算结果交给了格林威治天文台的台长。可是这位台长看不起这个小人物，对计算结果也毫不在意。

图 16.7 勒威耶

法国的一位天文教师勒威耶也做了同样的计算，他把计算结果交给了法国巴黎天文台，但遭到了拒绝。无奈，他把结果寄给了德国的一位朋友——柏林天文台的伽勒，信上说"请把望远镜指向宝瓶座，在黄经 326° 附近，就会看到一颗 9 等的星星，淡蓝色，可以看到小圆面"。 1846 年 9 月 23 日伽勒接到了这封信，立刻去找天文台台长恩克，可是恩克要庆祝自己的 55 岁生日，只是把天文台的钥匙交给了伽勒，自己去会朋友了。伽勒急忙跑向天文台，半路上遇到了实习的大学生达雷斯特，便叫上他一起奔向天文台。打开天文台的天窗，把望远镜指向宝瓶座黄经 326°，伽勒作为观测手，达雷斯特在旁边看着星图，两人合作，不到半个小时，就真的找到了 X 行星，天文学家命名其为海王星。

海王星的神话

海王星的保护神是海神波塞冬，所有的海神、人鱼以及各路河神统统归他掌管。可是他还是不满足，还想占有一块陆地。他在希腊的海湾里建起了一座城市。宙斯预言，这座城池将来会成为一个最光荣的地方，应当起一个好名字。波塞冬站了起来，他要求把这座城市命名为"波塞冬"；智慧女神雅典娜也想做这座城市的保护神，想把这座城市命名为"雅典"。宙斯命令，在指定的一天，请他两各自拿出一件礼物，赠给这座城市。看谁的礼物最好，谁就做城市

的保护神。

比赛的一天到来了，所有的神仙都来到了海滨广场。

信使神高声喊道："现在，请波塞冬献出他的礼物！"海神走上前来，举起手中的三叉戟，猛烈地投射到一块大石头上，大石头裂开了，从裂缝里跳出了一匹红色的战马，稳稳地站立在众人面前。

轮到雅典娜赠送礼物了。她把一粒种子播种在地里，只见地上长出了一棵嫩芽，越长越高，不一会儿长成了一棵橄榄树。

广场上议论纷纷，大家说：战马代表战争，橄榄树代表和平，我们要和平，不要战争。最后一致投了雅典娜的票。于是这座城市叫做雅典。

课后实践

1. 海王星的视亮度为 7.8 等，你能用裸眼（只用眼睛，不用望远镜）看到它吗？为什么？

2. 海王星 1846 年被发现时位于宝瓶座，至今它围绕太阳转够了一圈吗？现在位于哪个星座？

3. 写一篇幻想故事：《海王星游记》。

第 17 课

太阳系中的天然卫星

我们的地球上空有一颗巨大的天然卫星，这就是月亮。卫星可以分为两类，一类是自然形成的，称作"天然卫星"；一类是人为发射的，称为"人造卫星"。本书所讲的，都是天然卫星，简称"卫星"。

截止成书，太阳系里共探测到约179颗卫星：其中水星和金星没有卫星，地球有1颗，火星有2颗，木星有67颗，土星有62颗，天王星有27颗，海王星有14颗，冥王星有5颗，2015年第一次发现了一颗小行星拥有1颗卫星。这些卫星中，绝大多数的卫星都比较小，相当于小行星量级；有七颗大的卫星，在本课做简单介绍。

⭐ 大卫星简介

这七颗大的卫星是：月球、木卫一、木卫二、木卫三、木卫四、土卫六、海卫一。

图 17.1　月球

（1）月球是地球的卫星，直径有3 476千米，每过27.3天围绕地球公转一周，它的体积是地球的1/49，体重是地球的1/81，距离我们384 400千米。我们经常能够看到它的圆缺变化，还能看到上面的美丽图案。古人非常重视"赏月"，而且编出了《嫦娥奔月》《吴刚伐树》《玉兔捣药》等动人的神话故事，谱写了无数篇歌颂月亮的诗歌。

图 17.2　木卫一

（2）木星有四颗大的卫星，因为是由意大利天文学家伽利略首先发现的，所以被称为"伽利略卫星"。木卫一是伽利略卫星中距离木星最近的，平均距离约为420 000千米，直径约为3 642千米，大约1.8天围绕木星转一周。1979年，"旅行者1号"经过木卫一，看到了一座正在喷发的火山。喷发出来的炽热气体把赤红色的熔岩抛到了500千米的高空，景象十分壮观。

同时还看到了 300 多个大大小小的火山口。火山喷出的熔岩流把整个星球染成了一片红色。

（3）木卫二的直径有 3 138 千米，距离木星表面有 670 000 千米，3.5 天绕木星转一周。它被冰雪覆盖着，看上去非常明亮。表面上有许多纵横交错的黑色条纹，像是一个巨大的蜘蛛网。这些黑色条纹是冰的裂缝，从地下涌出的水不断地从裂缝里喷出来，从而证明了这是一个充满了地下水的星球。

图 17.3　木卫二

（4）木卫三的直径有 5 262 千米，是太阳系中卫星的冠军。我国的天文学家甘德，在公元前 400 年至公元前 360 年，直接用眼睛看到过木星旁边的木卫三，留下了记录。木卫三与木星的平均距离有 1 070 000 千米，7.1 天围绕着木星转一周。它的表面也被冰层覆盖着，上面有起伏的山脊、裂缝和沟槽，其内部构造很像地球。

图 17.4　木卫三

（5）木卫四的直径有 4 806 千米，与木星的平均距离有 188 千米，每过 16.7 天环绕木星转一周。它和前三颗有显著的不同，像月球一样，表面布满了大大小小的陨石坑，还有一圈圈同心圆式的大盆地。这说明它形成很早，曾经受过大量的陨石撞击。

图 17.5　木卫四

（6）土卫六的直径有 5 150 千米，是太阳系中第二颗大卫星。它距离土星 1 220 000 千米，约 15 天 22 小时绕土星一周。土卫六表面有浓密的大气层，大气的总量比地球还多，大气的厚度约为 2 700 千米，大气总量的 98.4% 由氮气组成（跟地球大气相似）。2004 年"惠更斯号"探测器撑着降落伞在土卫六上着陆，发回了大量的资料。土卫六表面也有山脉、平

图 17.6　土卫六

原、海洋、湖泊、沙丘和环形山。不过海洋、湖泊里有的不是水，而是液态的甲烷。但是，在土卫六的地下真的有一个液态水的海洋。也许有一天，人类登上土卫六，将它改造为人间天堂。

图 17.7　"惠更斯号"在土卫六着陆

（7）海卫一是太阳系里第七大的卫星，其直径为 2 706 千米。它距离海王星有 35.4 万千米，每 5 天 21 小时绕海王星一周。海卫一的表面也铺着厚厚的冰层，表面有巨大的喷泉从冰的裂缝里喷涌而出。

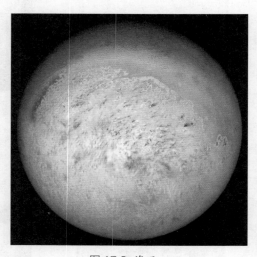

图 17.8　海卫一

木卫三	土卫六	木卫四	木卫一	月球	木卫二	海卫一
5 262km	5 150km	4 806km	3 642km	3 476km	3 138km	2 706km

图 17.9 卫星按直径排列图

探寻土卫六上的生命

在天文学的分支中，有一门"天文生物学"专门探寻和研究地球之外的生命。人类对于土卫六上的研究，已经有了初步结果。

"惠更斯号"探测器降落土卫六，虽然取得了很多成果，但是还没有发现生命的痕迹。天文学家在思考：土卫六的表面和大气层，跟原始地球的情况很相似。特别是大气的成分，除了没有水以外，其他的组成非常像地球的原始大气。根据这样一条线索，美国的天文学家们做了一个实验。

他们在实验室里"制造"了一个密闭的"土卫六环境"，在里面充满了跟土卫六大气层一样的大气，只有温度和地球一样，然后进行光的照射。结果产生了许多构成生命的有机化合物，其中有最重要的核苷酸和氨基酸。这就证明了一个许多天文学家的共同"假设"——土卫六的演化过程，很像早期的地球。

在现今的土卫六上，最不利于生命存在的是当前的"超低温"环境，它的表面温度是 –180℃。但是科学家认为，在遥远的将来，大约 50 亿年之后，太阳将会变成一颗红巨星，剧烈膨胀的太阳，将使土卫六表面温度升高。那时内部的冰层融化，形成江河湖海，大量的植物和动物会像今日的地球一样欣欣向荣。

可是，那时的地球可就遭殃了！因为太阳的膨胀，太阳表面会迅速地接近地球，地球的温度会急剧升高，变成一片火海，人类要快快"逃跑"，跑到哪里去呢？理想的天堂就是土卫六！

1. 试着总结恒星、行星与卫星的关系和不同。

2. 下面的问题，都没有准确的答案，不像"1+2=3"那么简单。需要你大胆地想象，才能回答出来，答案没有"对"与"错"，只要大胆想象就行！

为什么水星和金星没有卫星？

_____

_____

为什么地球的卫星这么少，只有 1 颗？为什么木星和土星的卫星那么多，它们都有 60 多颗卫星？这种"贫富"不均的现象是怎么造成的？

_____

_____

46 亿年前，地球刚刚形成的时候，本来没有卫星，到后来才有了月亮。想一想：月亮是怎样成为地球的卫星的？

_____

_____

第 18 课

太阳系中的矮行星家族

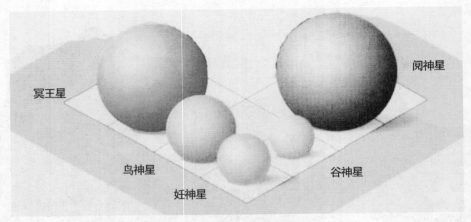

图 18.1 五颗矮行星大小比较图

　　矮行星，也有人称它们为"侏儒行星"，就是"矮小"的意思。这是太阳系大家庭中新近产生的一个群体。它们的主要特征是：①围绕着太阳公转；②有足够大的质量和吸引力，使自身成为近似的圆球状；③在它们的运行轨道附近还存在着很多其他天体。这是它们和行星的一个主要区别之处。目前，这个家族的成员只有 5 颗，即冥王星、阋神星、鸟神星、妊神星和谷神星。随着深空探测的进展，其成员可能会继续增加。

图 18.2 行星、矮行星和小行星对比图

☆ 五颗矮行星简介

谷神星

谷神星在矮行星中是最小的一个，是在 1801 年 1 月 1 日被发现的。20 世纪，天文学家认为它是太阳系中最大的小行星。2008 年 6 月 11 日国际天文学会根据行星定义的"三条标准"，把它提升为矮行星。它

图 18.3 谷神星

的体态近似圆球状，半径为 476 千米，其大小近似我国的青海省。天文学家认为谷神星，有着一个岩石的核心以及一个由冰组成的厚地幔，这层冰幔的含水量要超过地球，这些物质来源于太阳系历史的极早期，当时行星尚未形成。

欧洲的赫歇尔空间望远镜，利用远红外观测，明显地发现了水蒸气的光谱信号。每当谷神星靠近太阳时，水蒸气就会明显地从裂缝中喷溢出来。

冥王星

冥王星是矮行星中最大的，是在 1930 年由美国的汤博发现的。当时称为"第九大行星"，2006 年被"降级"为矮行星。冥王星 26 个小时自转一周，半径为 1 187 千米。2006 年 1 月 20 日，"新视野号"升空。2015 年 7 月 14 日，"新视野号"探测器抵达了距离冥王星最近的位置。利用相机对冥王星进行拍照，每张照片经过 4 个小时 45 分钟到达地球。人们从第一幅冥王星彩色照片上的大气层中看到了雾霾层，不过跟地球上的雾霾不同，它呈现的是一片蔚蓝色的天空。冥王星上的微小颗粒可能是灰色或红色的，但是它们散射出了蓝色的光线。这些颗粒被称为索林斯颗粒，可能是由于太阳光照射引起的化学反应形成的。

冥王星与太阳的平均距离有 60 亿千米，248 年公转一周。从冥王星上看太阳，

其大小如同一颗星星。表面温度为 –223℃，极度阴暗和寒冷。发现之初，天文学家采用了英国 11 岁的小姑娘凡内提娅的提议，命名其为"冥王星"。冥王普鲁托是神话里统治着地狱的冥国之神。冥王星有五颗卫星，最大的是查龙。

图 18.4　"新视野号"拍摄到的冥王星

阋神星

阋神星是在 2006 年 1 月被发现的。它在矮行星中排第二，半径为 1 163 千米，557 年围绕太阳转一周。目前它在距离太阳最远处，大约 100 个天文单位。这么远的距离上获得的阳光很少，表面变化应该不大。但是根据它的光谱分析发现，表面氮气的含量在迅速地增加着，并不像想象中那么平静。美国加州大学的布朗认为，这可能是上面爆发了"冰火山"，它喷出来的不是岩浆，而是氨水、水、氮气和甲烷。这些喷发物在空中冷凝后落回表面，最终会导致表面成分发生变化。但是，还有一种可能，就是它在快速地自转着，两侧的表面互相不同。

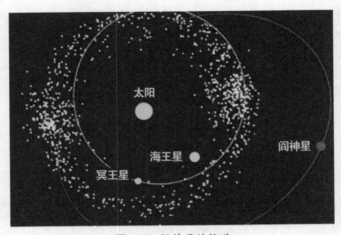

图 18.5　阋神星的轨道

妊神星

妊神星论大小在矮行星中排第四，2005 年 7 月 29 日被发现，2009 年 6 月正式命名为妊神星。半径为 635 千米，质量只有冥王星的 1/3。天文学家在首次发现时看到它的亮度每过两个小时就会变亮或变暗一次，增减值大约是 25%。这就是说，它是一个"两面星球"：一面亮一面暗。每过两个小时就会自转一周。这种高速自转，会产生巨大的离心力，按照常理推测，它早就被甩成碎片了。看来，它有着强大的凝聚力。天文学家推测由于赤道部分有着很大的离心力，它被拉扁了，其形状像一个被压扁的橄榄球。由于它有很大的质量，结构也像地球一样，有明显的分层：石铁一类的重物质聚集在中心，水冰一类轻的物质聚集在表面。当它和某一个天体相撞时，被撞出的物质一定是一些碎冰块。它有两颗小小的卫星，都是由冰构成的。

鸟神星

鸟神星是在 2005 年 3 月 31 日被布朗领导的团队发现的。矮行星中排第三，半径有 750 千米。它的表面温度极低，为 –243℃，在这样的低温下，表面覆盖着甲烷和乙烷冰。2008 年 7 月 11 日被国际天文学会正式公布为矮行星。

课内活动

1. 阅读课文，填写表格。

名 称	发现时间	半 径	表面特征
阅神星			
冥王星			
鸟神星			
妊神星			
谷神星			

2. 查字典，"阅"字是什么意思？天文学家为什么用"纷争女神"厄里斯的名字来命名阅神星？

3. 妊神星的两个小卫星为什么是两个大冰块？

拓展阅读

阋神星的故事

阋神星的原名叫厄里斯，在希腊神话里它是"纷争"与"妒忌"女神。由于她的挑拨，爆发了十年的特洛伊战争。

帕里斯从婚礼（珀琉斯和忒提斯的婚礼）回到特洛伊城不久，国王派他率领一支军队向希腊王国进军。他带领的军队到达了斯巴达，在这里主持政务的正是王后海伦，她是当时世界上最美丽的女人。帕里斯一见面就爱上了她，而王后也对帕里斯王子一见倾心，两人深深地相爱了。

此时，帕里斯命令他的军队洗劫了斯巴达城的宫殿，掠走了大量财富和珍宝，带着海伦回到了特洛伊城。这引起了斯巴达人的公愤。斯巴达国王率领着10万大军和1 186条船，去攻打特洛伊城。在战争中，维纳斯帮助特洛伊人，赫拉和雅典娜帮助希腊人，而厄里斯在一旁看热闹。这场战争打了10年，最后希腊的军队用"木马计"杀进了特洛伊城，把全城抢掠一空，烧成灰烬。

课后实践

1. 我来当法官：按照小组去调查冥王星的历史和特征，开一个星空法庭，以冥王星是否应当离开行星家族为题，将班里的同学划分为两个小组，进行辩论。

2. 有记录的我国的天文学家甘德，在公元前400年至公元前360年，直接用眼睛看到过木星旁边的木卫三。那么，人类的肉眼到底能不能看见木卫三呢？请你试一试。在土星冲日前后，选一个无云、无风、无月的夜晚，来到一个全黑的环境。盯住木星看20分钟，就有可能看到木卫三紧紧贴在木星身旁。之后，还可以通过望远镜印证一下你的视力和能力。用普通的望远镜还可以观看土卫六，在望远镜的视野里它是一个模模糊糊的像熟透了的橘子一样的球体，这是因为它表面有着浓密的大气层。

第 **19** 课

不容忽视的小行星

图 19.1 小行星

在太阳系内，除了恒星——太阳之外，还有围绕着太阳公转的八颗行星、五颗矮行星和众多的小天体，小天体的成员之一就是小行星。这些小行星数目众多、形状各异、姿态万千，在太阳系里形成了一支浩浩荡荡的大军。这些小行星的绝大多数运行在火星与木星之间的"小行星带"里。但是也有少部分小行星，会运行到地球附近，对我们造成威胁，使我们不得不防！现在我们要提出一个问题：在太阳系里究竟有多少颗小行星？又有多少颗小行星会对地球造成威胁呢？

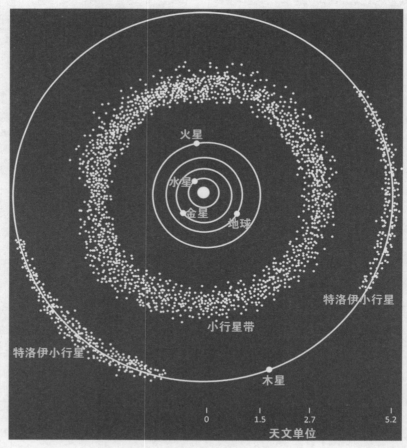

图 19.2 小行星带

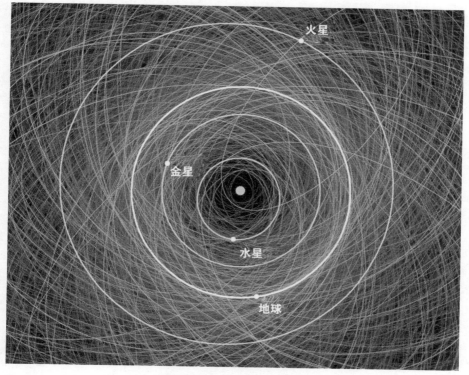

图 19.3　近地小行星示意图

⭐究竟有多少颗小行星？

小行星体积小、亮度低，所以在没有望远镜的时代，人们肉眼看不到小行星，也不知道有多少小行星。1801 年 1 月 1 日夜，意大利西西里岛天文台台长皮亚齐正在天文台上巡天观测的时候，发现了一颗行星，起名为"谷神星"。这颗行星太小了，直径只有 952 千米，体积只有月亮的 1/20，只能叫作"小行星"，从此有了"小行星"这个名称。1802 年 3 月 28 日，又发现了一颗智神星，直径只有 523 千米。1804 年 9 月发现了婚神星，直径为 200 千米。1807 年发现了灶神星，直径为 501 千米。以后发现的越来越多，1868 年达到 100 颗，1879 年达到 200 颗，1890 年达到 300 颗，1923 年达到 1 000 颗，1995 年达到 6 160 颗。截止 2008 年 9 月 18 日，国际小行星中心给出的小行星暂定编号 779 823 颗，其中已有 192 280 颗获得了永久编号，在永久编号的成员中又有 14 807 颗已经被命名。估计小行星的总数有几百万颗。

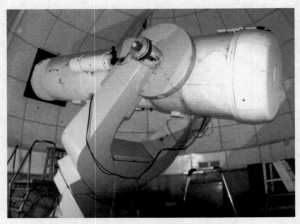

图 19.4　曾经用于搜索小行星的兴隆施密特望远镜

☆ 有多少颗小行星会对地球造成威胁？

小行星会与地球相撞吗？这是地球人密切关注的一个问题。如果全部小行星都规规矩矩地在火星与木星轨道之间运行，它们是不会与地球相撞的。可是有两种情况的小行星会对地球造成威胁。

1932 年 3 月 12 日，比利时的一位天文学家发现，编号为 1221 号的阿莫尔小行星，当它运行到距离太阳只有 1.08 个天文单位的近日点时，与地球非常接近。因为地球距离太阳 1 个天文单位。就是说，它很有机会来到地球近旁，甚至与地球相撞。我们把这种类型的小行星叫做"阿莫尔型小行星"。

编号为 1862 号的小行星，被命名为"阿波罗"，是在 1932 年 4 月 24 日被发现的，它的轨道近日点只有 0.65 个天文单位，已经进入到了金星轨道的内侧。也就是说，它在运行过程中，会穿越过地球轨道，有机会跟地球接近，并和地球相撞。我们把这些"近日点"和太阳距离小于 1 个天文单位的小行星称作"阿波罗型小行星"。

阿波罗型小行星和阿莫尔型小行星，也称"近地小行星"。这种小行星究

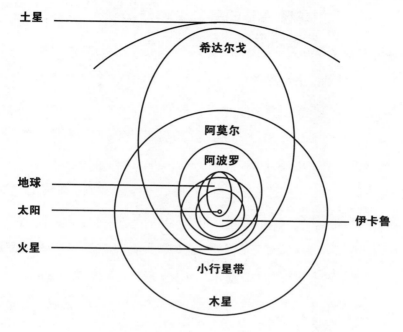

图 19.5 近地小行星

竟有多少颗呢？从 2010 年 1 月到 2011 年 2 月，美国进行了全天的扫描，观测了 100 万颗小行星，从中发现，尺度大于 1 000 米的"近地小行星"有 981 颗，它们撞击地球的概率为每 10 万年 1 次，会给地球造成很大的灾难。而直径接近 10 米的天体撞上地球的概率仅为每 3 000 年一次，会给地球小部分区域造成灾难，比如通古斯大爆炸。

1993 年 4 月，全世界 60 多位著名天文学家在意大利莫里哀开会，发表《莫里哀宣言》，制定了防御措施，随后采取了行动。现在世界各国天文台每月都用望远镜照相机进行天空扫描拍照。一经发现有威胁地球的小行星便会采取必要的措施。我们不必害怕！

美国"黎明号"考察灶神星

　　美国于 2007 年 9 月 27 日，发射了"黎明号"小行星探测器。它穿越火星的轨道，来到了小行星带。2011 年到达了灶神星附近，成为了灶神星的卫星。在环绕过程中测量了灶神星的大小为 578 千米 ×560 千米 ×456 千米，发现它有一个岩石的外壳，在外壳的包裹下有一个铁和镍的核心，可供未来的旅行家来此开采。令科学家惊讶的是在灶神星的南极附近有一个撞击坑，直径达到 460 千米，坑深达到 13 千米，坑的边缘高出平地 12 千米，这个湖形的坑穴跟整个小行星的直径相差无几。另外，科学家们还发现一些直径达到 150 千米、深度有 7 千米的大个的弧形坑，这说明它曾经遭受过多次撞击。许多其他的小行星也是如此，身上千疮百孔，布满了撞击坑，这说明了在太阳系里的撞击是很普遍的现象。在考察了灶神星之后，"黎明号"调转船头，转向谷神星进行考察。

图 19.6 "黎明号"探测器

图 19.7 灶神星

恐龙灭绝

还记得恐龙是怎样灭绝的吗？天文学家坚持认为，大约在 6 500 万年前，上亿颗小行星或者一颗彗星与地球相撞，猛烈的碰撞卷起了大量的尘埃，使地球大气中充满了灰尘并聚集成尘埃云，厚厚的尘埃云笼罩在整个地球上空，挡住了阳光，使地球成为"暗无天日"的世界。缺少了阳光，植物赖以生存的光合作用被破坏了，大批的植物相继枯萎而死，身躯庞大、食量巨大的食草恐龙无法适应这种环境，在饥饿的折磨下逐渐地倒下，相继死去。1991年美国科学家测得墨西哥湾尤卡坦半岛的大陨石坑，直径约为 180 千米，年龄约为 6 505 万年。

图 19.8 恐龙灭绝

1. 在月亮的表面、小行星的表面都有许多环形山，这些环形山是怎么来的？

2. 想象一下：一颗直径 1 千米的小行星撞上了地球，地球上产生了哪些大灾难？请你描述一下撞击的瞬间和撞击之后的情景。

3. 如果一颗直径 10 米的小行星朝着地球飞来，肯定会撞上地球。可以采取哪些措施避免灾难？可以多设想几个办法。

第 20 课

长尾巴彗星

　　我国汉代就有过关于彗星的记载。它横空出世，形态怪异，在圆圆的彗头后面拖着一条或数条尾巴扫过天空。看到了它，人们感到惊异，称它为"扫帚星""毛发星"。一个发育完整的彗星是由彗头和彗尾两个部分组成的，彗头从里向外数又分为彗核、彗发和彗云三部分。人们不禁要问：为什么太阳、月亮、行星都是圆形的，唯独它会长出吓人的大尾巴？这要从彗星的起源和太阳辐射说起。

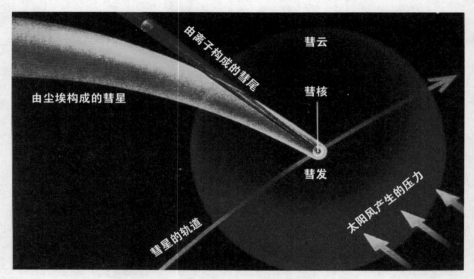

由离子构成的彗尾

由尘埃构成的彗星

彗云

彗核

彗发

彗星的轨道

太阳风产生的压力

图 20.1　彗星结构图

图 20.2　海尔—波普彗星

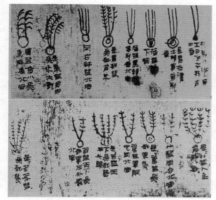

图 20.3　雷台汉墓出土的彗星图画

图 20.4　"彗"字的象形

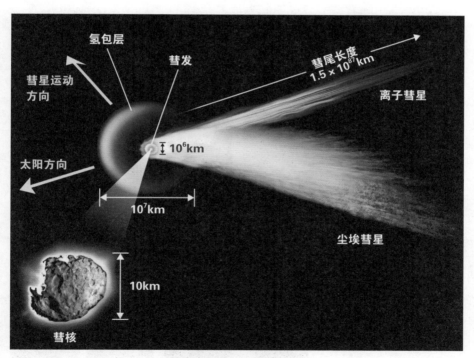

图 20.5　彗星结构图

✫ 彗星的起源

在宇宙空间，最多的物质是氢气，其次是氦气，再次就是氧气。大量的氧原子和氢原子化合成了水。因此在寒冷的宇宙空间存在着许多水冰，它们结成了一个个雪球形状的冰核在宇宙中游荡着，这就是原始的彗核。大约 46 亿年前，太阳系刚刚形成的时候，这些彗核集结在太阳系的外围，它们吸收了许多土粒、石

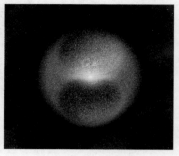

图 20.6　奥尔特云

块和甲烷、二氧化碳、氰气等物质，因而变成了一个个"脏雪球"，这就是彗星的来源。这些彗星只有彗核，没有彗发和彗尾。大约有 1 000 亿颗彗星，聚集在离太阳 5~20 万个天文单位处，形成一个"彗星仓库"，叫作"奥尔特云"。

图 20.7　17P 彗星

图 20.8　哈雷彗星

图 20.9　海尔—波普彗星

图 20.10　威斯特彗星

图 20.11　Lovejoy 彗星

★ 太阳辐射压力和太阳风

　　要揭开彗星长大尾巴之谜，首先要知道什么是太阳的光压和太阳风。太阳是一个发光的星球，太阳光不断地向外辐射，产生了一种向外的辐射压力，这种力量会推动着那些微小的颗粒向外跑。太阳在发光的同时，还不断地向外抛射大量的带电微粒，就像是向外吹风，因而叫作"太阳风"。太阳辐射压力和太阳风，距离太阳越近威力就越大。由于彗星的大尾巴是由太阳"吹"出来的，所以彗尾总是朝着背离太阳的方向，例如太阳在西边的时候，彗尾就朝向东方，而且彗星距离太阳越近，彗尾巴就越粗、越长。

课内活动

"吹"出彗尾

　　教师准备一个电风扇，每位同学准备一团橡皮泥、小木棍、细纸条。

　　把橡皮泥团成团代表"彗头"，将细纸条粘在"彗头"上，插上小棍。然后，同学们围绕电风扇站好，都把"彗头"对着电风扇。开启电风扇，观察"彗星"及所有人的"彗尾"方向。

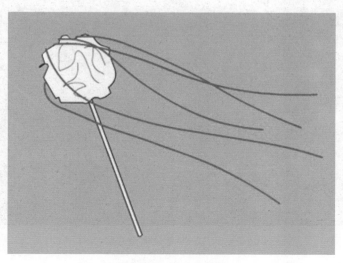

图 20.12　活动示意图

彗星长出尾巴的过程

1 000 亿颗彗星在"奥尔特云"里运动着，碰撞着。其中有的彗星被撞击后改变了轨道，慢慢地进入到太阳系内部，由于逐渐地向太阳接近，吸收到了足够的阳光，得到了充足的热量，内部冰雪开始融化了。在距离太阳 3 个天文单位处，大量的气体和尘粒冲出了彗星的表层，形成了彗核外围的包层，这就是彗发和彗云。随着与太阳的距离越来越近，彗头也越来越大，有的大过太阳，成为太阳系里最大的天体。到了距离太阳 2 个天文单位的时候，受到了太阳辐射压力和太阳风的吹动，彗发中的气体和尘粒被吹了出去，形成了彗尾。起初彗尾很小，随着与太阳的接近，尾巴越来越大，延伸到了 1 亿千米之外，整个彗星在天空占据了几十度的天区，比整个大熊星座还要大。这时人们会看到一个十分壮观的大扫帚横跨天空。

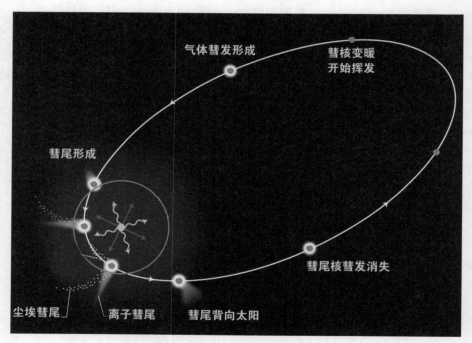

图 20.13 彗尾变化示意图

图 20.14 彗星还没长出尾巴

飞进太阳系内部的彗星在做了充分的表演之后，有的沿着抛物线的轨道返回"老家"，慢慢回到了奥尔特云之中，有的则留在了太阳系内部，沿着扁长的椭圆轨道在八颗行星之间游荡。在经过太阳和地球的时候（我们称作彗星的"回归"），我们又会再看到它的精彩表演。比如哈雷彗星，每过 75 年或76 年回归一次，上次回归在 1986 年，下次回归将在 2061 年或 2062 年。

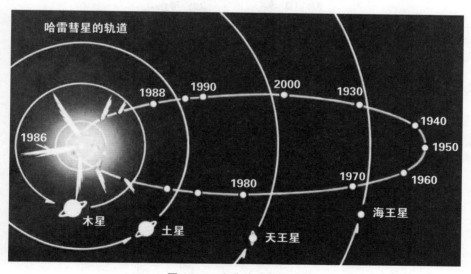

图 20.15 哈雷彗星的轨道

彗尾 "扫" 地球

彗星在回归的时候，它的大尾巴会不会 "扫" 到地球上来呢？会！在 1910 年 5 月就发生了这样的事情。哈雷彗星拖着 2 亿千米长的尾巴，从太阳和地球之间通过，天文学家计算出了在 5 月 18 日这一天 "彗尾扫地球"。消息传出之后，许多人害怕极了，因为彗尾里的氰气有剧毒，吸入体内就会中毒而死。于是街上出现了卖 "彗星丸" 的，说是吃了可以解毒，更多的人买了氧气罐，储存到家里。有人认为这是 "世界末日"，挥霍了全部的积蓄。可是到了这一天却一切安然，什么 "灾难" 也没有发生。难道彗尾没有 "扫" 地球？天文学家说："不，真的扫了！" 这是为什么呢？

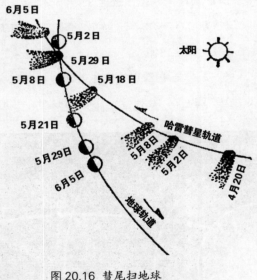

图 20.16　彗尾扫地球

原来，别看彗尾那么大，却非常稀薄，其密度只有地球空气的 10 亿分之一，比实验室里制造的 "真空环境" 还要稀薄。因此天文学家称彗星是 "看得见的乌有"，这么稀薄的东西就跟没有一样。所以谁也没有中毒，一切如常。

拓展阅读

人类认识彗星的过程

　　大彗星的出现，为人类提供了一个观赏星空的极好机会。但在古人看来，它是大气里出现的魔鬼：形状奇怪，出没无常，来无踪去无影，会给人类带来无穷的灾难。这纯粹是对于彗星的误解。

　　公元前 44 年，天空出现了一颗大彗星。古罗马人认为这是不久前被杀害的凯撒大帝的灵魂。凯撒大帝 3 月 15 日被暗杀，9 月 23 日罗马市民为凯撒大帝举行追悼仪式，天空突然出现了大彗星。

　　公元 451 年，哈雷彗星出现在天空，欧洲遭到了匈奴人的横扫，陷入一片混乱之中。1066 年，诺曼底公爵率兵渡海攻打英国，正逢哈雷彗星出现，英国人大败。当有人报告国王天空出现了大彗星时，国王被吓得从宝座上跌落下来。1456 年，大彗星再次出现时，许多人跑进教堂避难，祈求上帝保佑……

　　第一个打破对彗星误解的人是丹麦天文学家第谷（1546—1601）。他在国王的资助下在汶岛上建立了天文台。1577 年，大彗星出现了。他对这个不速之客进行了认真、仔细的观测，不久从400 千米以外的布拉格传来消息：在那里也同样看到了这颗大彗星。第谷想，如果是大气里发生的现象，绝不会在相距这么遥远的两地，在同一天区看到同一颗彗星。于是他果断地断言：彗星不是大气层上的魔鬼，而是宇宙中的天体，这颗

图 20.17　第谷

彗星距离地球至少在 100 万千米之外。从此打破了关于彗星的迷信，天文学家们开始重视对它的观测和研究。

　　第一个预言了彗星回归的人是英国天文学家哈雷（1656—1742）。他认真学习了牛顿的万有引力定律，思考能不能用这个定律计算彗星的轨道

呢。于是，他花费了 10 年时间，从浩如烟海的历史记录中搜集了 361 颗彗星的记录，从中选择出 24 颗进行计算。这些彗星的轨道无一例外全是椭圆形的。使他感到惊奇的是 1531 年、1607 年和 1682 年三颗彗星的轨道极其相似，而且相隔的时间是 75 或 76 年，他推测：这是同一颗彗星的三次回归。他大胆预言：1758 年底或 1759 年初，这颗大彗星会再次出现。果然，1759 年它出现在望远镜的视野里。从此人类认识到了彗星的出没

图 20.18　哈雷

规律，它们也和行星一样围绕着太阳运行，定期回归，并不是什么行踪不定的"魔鬼"。从此人类不但不怕彗星，而且还盼望它们早日出现，以便我们认真地观测一番。哈雷彗星在 1986 年曾经在天津市上空出现，下次将出现在 2061 年或 2062 年。届时大家能够一饱眼福。

课后实践

1. 一个完整的彗星是由哪几部分组成的？

2. 算一算：哈雷彗星每过 75 或 76 年，就接近太阳一次，喷出许多气体和尘粒，最近时每一秒钟就失去 100 吨的物质，每绕太阳一圈就失去 20 亿吨。它现在的质量是 1 000 亿吨，再绕多少圈，它的质量会全部散光了？那是多少年以后的事情？

第 21 课

流星与流星雨

图 21.1　偶发流星

星光灿烂的夜晚，寂静无声，来到一处空旷的地方，仰望天空。偶然之间，天空的某处一闪，发出一道亮光，瞬间消失，这可能就是一颗随机发生的流星，叫作"偶发流星"。在晴朗又没有月亮的夜晚，这种流星是随时可能出现的，平均每个小时可以出现10颗。天空为什么会出现流星呢？

图 21.2　流星

⭐ 出现偶发流星的原因

在太阳系的广阔空间里，除了行星、矮行星、小行星、彗星之外，还存在着数也数不清的尘埃物质，它们是一些碎石块、铁块、冰块，尺度大的有几米，小的才几毫米甚至几微米，我们统统把它们叫做"流星体"，它们也在高速度地围绕太阳运行着。当它们偶然之间撞入地球大气层以后，在高速运动之下，在空气中摩擦、生热、燃烧，在离地面130千米处开始发光，在70千米处就

图 21.3　火流星

燃烧成了粉末，消失不见了。如果一个流星体的体积很大，就会形成一颗非常明亮的流星，像一颗照明弹，一时间照亮了天空和大地，映出树影、人影和房影。霎时闪亮，霎时消失。我们把这些亮度在 –3 等以上的流星叫作"火流星"。颗粒更大的流星体在没有燃烧殆尽的情况下落到地面，就成为了陨石、陨铁或陨冰。这些"天外来客"具有非凡的科学价值，应很好保存。

课内活动

1. 单个的"偶发流星"和"流星雨"有什么不同？

2. 单个的"偶发流星"都是从任意的一个方向出来的，"流星雨"的流星都是从一个"辐射点"发出来的，这是为什么？

3. 你看见过流星吗？如果看见过，请回忆一下，你是在什么情况下看见的？所看到的流星是什么样子的？当时你的心情是什么样的？

如果没有看见过，请你说一说你的观星计划。

4. 在有条件的学校，教师可以组织学生，夜晚在校园里观测流星雨，也可以到市郊农家院去看流星雨。观测时，要填写好表格，观测后，要写观测的文章，把两者报告给天文学会。

拓展阅读

一场壮观的流星雨

2001 年 11 月 18 日—19 日，人们看到了一场非常壮观的流星雨。从子夜到黎明，从狮子座的头部辐射出了大量的流星。整个天空、分分秒秒到处都有流星倾泻，而且都是很亮的流星，真是流星满天啊！在子夜时分，一颗大的火流星从头顶呼啸而过，像一条巨龙闯入天庭，"隆！隆！"有声。刹那之间，在粗大的身躯两旁，冒出了无数的火花，好似巨龙在天空里张牙舞爪地燃烧。巨龙飞走后，留下了长长的余迹，变换着各种颜色，十几分钟之后消失。另一条巨龙接踵而至，继续表演。节日的火花，固然美丽，但是只能占领天空的一部分；流星雨的焰火，却占领了整个天庭，令人目不暇接，比比皆是，直到东方现出了曙光。一夜之间，每个观测者都看到了上万颗明亮的流星；这就是著名的狮子座流星雨。像这样的大爆发，每过 33 年才有一次。

图 21.4 1833 年狮子座流星雨

图 21.5 2001 年狮子座流星雨

认识"流星雨"的本质

要认识"流星雨"的本质，需要了解两个问题。

彗星是流星雨的母体，流星雨是彗星的孩子。

彗星围绕着太阳运行，每当运行到太阳附近，就会喷射出大量的颗粒，这些颗粒并没有无秩序地散开，而是分布在彗星的轨道上，形成了一个和彗星轨道一样的"面包圈"。当地球围绕太阳公转，在一定的日期穿过这个"面包圈"时，许多颗粒就会排着比较密集的"队伍"，有秩序地进入地球大气层，经过冲撞、燃烧形成流星雨。这些流星就好像是从天空的某一个"点"上辐射出来的，我们把这个"点"叫作"辐射点"。一颗颗流星从"辐射点"迸发出来，流向四面八方。因为地球是在每年一定日期穿过"面包圈"的，所以每次流星雨都会在固定日期上出现。

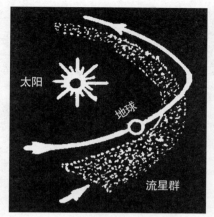

图 21.6 地球穿过流星群

图 21.7 平行透视原理

图 21.8 辐射点示意图

流星雨的流星为什么是从"辐射点"辐射出来的?

每当我们顺着一条街道向前看的时候,就会感受到"近大远小"的视觉现象。越是近的房屋、树木就显得越大,反之,越是远的东西就越小。眼睛看到极远处,就会看到所有物体集中到了一个"点"上。其实这些物体都是"平行"的,只是在视觉上看到它们在"缩小"。这就是"平行透视"原理。远处的"点"

图 21.9 流星雨的辐射点

就是"消失点"。反过来，用在观测流星雨时，这个点就是"辐射点"，因为这些流星都是"平行"而来的，只是我们视觉上感觉到是"辐射"状态。

流星雨的辐射点在哪个星座，就叫作哪个座的流星雨，比如"猎户座流星雨""狮子座流星雨"。

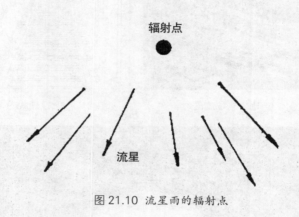

图 21.10 流星雨的辐射点

每年三大流星雨

实际上，一年到头，每天都有流星雨和偶发流星。每天掉到地球上的颗粒有 200 吨，在过去的 20 亿年间，已经降落到地面上的流星物质应有 146 万亿吨。如果把它们平摊在地面上，地球的半径将增大近 10 厘米。

但是一般的流星雨流量都比较小，每小时有几颗到几十颗。只有每年的三大流星雨，在每小时百颗以上，而且比较稳定。这是因为彗星的母体比较活跃，喷发的颗粒比较多，这些颗粒又比较均匀地分布在轨道上。这三大流星雨如下。

1. 象限仪座流星雨。每年 1 月初至 1 月 7 日出现，1 月 4 日极盛，理论值（ZHR）可达每小时 100 颗，但极盛时间较短，一般不超过两个小时。

2. 英仙座流星雨。每年 7 月 25 日至 8 月 23 日出现，正值学校放暑假，极盛出现在 8 月 12 日至 13 日。如果没有月光干扰，天空晴朗，每小时可看见 50~100 颗。

3. 双子座流星雨。每年 12 月 7 日至 12 月 18 日出现，12 月 13 日至 14 日极盛。最多时可达 120 颗，整晚都可以观测。这一流星雨的母体是 3200 号的小行星 Phaethon。

每当彗星回归，经过地球附近时，就会出现流星暴雨。狮子座的母体是坦普尔—塔特尔彗星，它 33 年回归一次，因此可以推算狮子座流星雨将在 2034—2035 年爆发。

 课后实践

观测流星雨的方法

观测流星雨是一件非常有趣而又有意义的活动。只要有足够的耐心和恒心，就会有巨大的成绩和收获。

观测流星雨的方法

1. 选择晴朗又没有月亮的夜晚。

2. 选择没有灯光干扰的全黑环境和开阔、无遮挡的地势。

3. 两人一组，一人观测，一人记录，观测者目光始终在一处，保持 1.5 小时以上。

4. 观测者如果发现流星，立即喊出，记录者填写以下表格。

5. 在 "归属" 一栏中，如果流星是从 "辐射点" 方向射出的，就填写当夜所观测的流星雨名称。如果不是从 "辐射点" 出来的，就写 "偶发流星"。

编 号	时 间			亮 度	归 属	颜 色	其他情况
	时	分	秒				

下面标出了10个每年比较固定的流星雨极大的日期。

流星雨名称	极大日期	每小时流量	流星雨名称	极大日期	每小时流量
象限仪	1 月 4 日	120 颗	猎户座	10 月 22 日	15 颗
天琴座	4 月 23 日	18 颗	北金牛座	11 月 12 日	5 颗
英仙座	8 月 12 日	120 颗	狮子座	11 月 18 日	15 颗
天龙座	10 月 8 日	数量未知	双子座	12 月 14 日	120 颗
御夫座 δ	10 月 11 日	2 颗	小熊座	12 月 22 日	10 颗

在极大日期前后几天，都可以选择没有月亮和晴天的夜晚进行观测，在后半夜观测更好。

第 22 课

太阳系的边界

2013 年初，一个惊人的消息响彻了全世界：（美国国家航空天局）NASA 在 1977 年 9 月 5 日发射的"旅行者 1 号"探测器，经过了 36 年的漫长旅途，飞到了距离我们 180 亿千米（120 个天文单位）处，已经脱离了太阳系，进入到深邃的宇宙空间。可是，许多著名的天文学家不同意这个说法。关键问题是：太阳系究竟有多大？它的"边缘"在哪里？为了解开这个宇宙之谜，我们需要了解太阳系的起源和它的结构。

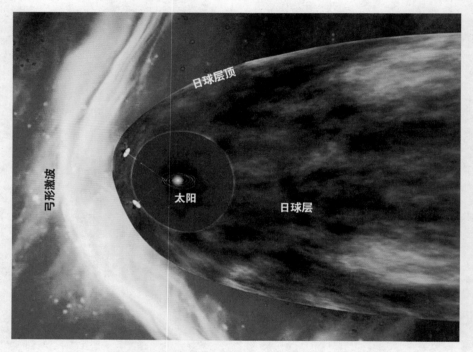

图 22.1 "旅行者 1 号"航行到"边界"的示意图

⭐ 太阳系的起源

46 亿年以前，在银河系里存在着一片大星云。这片星云的绝大部分是氢气和氦气，少部分是尘粒、冰雪和铁石。在周围星光的压力之下，这片星云开始收缩，它的中心部分首先密集起来，引力越来越大，形成了强大的"引力中

"心"，经过了几千万年的收缩，已经有了足够大的密度，凝聚成了一个发光的球体，这就是最初的太阳。

图 22.2 太阳系形成的初期

太阳诞生之后，它周围的气体和尘粒继续收缩着，加快旋转着，在几千万年之间逐渐形成了一个扁平的"星云盘"。在轨道上运行的物质团块不断地吸收着周围的小团块，最终形成了行星。由于盘里的物质多数是气体，少数是石块和铁粒，铁、石等物质距离太阳比较近，经过引力收缩成为 4 颗较小的固体行星，即水星、金星、地球、火星；大部分气体被"太阳风"吹到了较远的地方，收缩成为较大的气体行星，如木星、土星、天王星、海王星。在一亿多年的时间里，形成了太阳系的雏形。

星云

星云盘

形成行星

小天体

图 22.3 太阳系起源

可是，还有许许多多大大小小的固体颗粒、冰块和气体，失去了与行星相聚合的机会，形成了比较小的圆球状的矮行星。还有形状各异、性质不同的"小天体"，它们是小行星、彗星、流星体。太阳系演化至今，这些小天体的极少部分还在"内太阳系"（八颗行星所在的区域）游荡着，在行星之间穿行着，不时地惹起各式各样的"祸端"，显示着它们的存在；绝大部分小天体都有各自固定的"居所"，它们的居所就是太阳系的三个"环带"。

⭐ 太阳系的三个"环带"

在太阳系里小天体居住的三个环带是小行星带、柯伊伯带、奥尔特云。

小行星带

人类认识小行星带是从 1801 年 1 月 1 日天文学家皮亚齐发现第一颗小行

星开始的。小行星带存在于火星与木星之间，大约距离太阳 2.8 个天文单位。太阳系内的大部分小行星，稳居在这条环带以内。那里大约有几百万颗大大小小、形状各异的小行星。我们从课本的插图中看到的小行星带是密密麻麻的，很难从它们中间穿过去。其实，如果未来的航天员乘着飞船，来到小行星带内，所能看到的那些小行星，还是非常稀疏的。难得有一颗小行星接近飞船，从舷窗外掠过去，让人一饱眼福，更不必担心会与飞船相撞。人类所发射的许多探测器，曾经穿过小行星带飞向木星、土星，直到冥王星，还没有一艘探测器被小行星撞毁过。

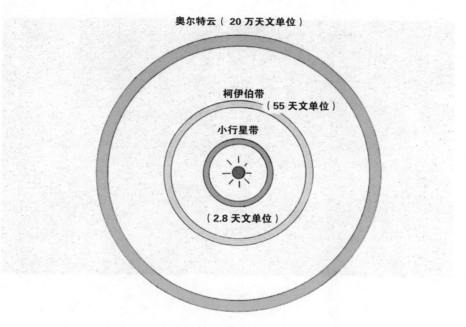

图 22.4 太阳系的三个环带

柯伊伯带

在 1950 年前后，美国天文学家柯伊伯提出，从海王星开始直到 55 个天文单位的区域，存在着一个小天体的聚集环带。后来人们把这个环带称为"柯伊伯带"。在这里不仅居住着那些"短周期彗星"（回归周期在 200 年以内的彗星为"短周期彗星"，大于这个数的为"长周期彗星"），还有着为数不少的矮行星。直径大于100千米的天体就有1 000颗以上，它们统统为"柯伊伯带天体"。大多数柯伊伯带天体的表面是铺着一层冰的，20%的柯伊伯带天体有着卫星环绕。柯伊伯带天体，保留着太阳系形成之初几十亿年前的信息，会给我们研究太阳系起源，以致生命起源的研究提供重要线索。2015年，"新视野号"探测器在探测了冥王星之后，进入了柯伊伯带的视野，相信以后会有更多的发现。

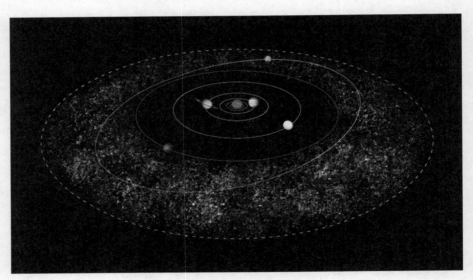

图 22.5　柯伊伯带天体

奥尔特云

荷兰天文学家奥尔特认为，在太阳系的边缘，有一个巨大的彗星集聚区域，在里面约有1 000亿颗彗星，后来人们称这里为"奥尔特云"，或者干脆叫做"彗星仓库"。这是一个巨大的空间，这些大大小小的彗星们在这里游荡着，慢慢地围绕着太阳运行着，显得很是稀疏。彗星之间也会偶然相遇，但很难发生碰撞。有极少数的彗星经过碰撞或是受到了引力干扰，改变了轨道，渐渐地运行到了内太阳系，接近太阳，长出了大尾巴，于是被地球人观赏一番。

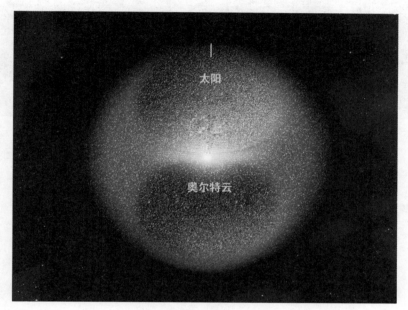

图 22.6　奥尔特云

　　这片"奥尔特云"，像一个大球的皮，包围着整个太阳系，延伸到了近 20 万个天文单位的地方，到了这里才可以说是到达了太阳系的边缘。

　　而"旅行者号"只到了 131 个天文单位的地方，距离 20 万个天文单位的边界还差很远很远！

　　至今，在太阳系内还存在着许许多多、大大小小的固体颗粒和冰块，它们在 46 亿年前太阳系形成之初，失去了与行星相聚合的机会，至今还在太阳系内游荡着，如果它们偶尔光临地球，会带来远古时期的宝贵信息。如果捡到了它们，要好好保存，千万不要随意丢弃。

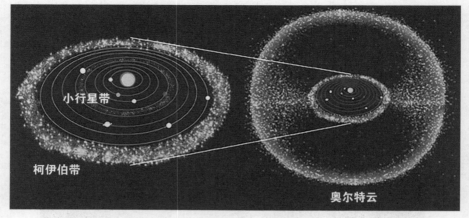

小行星带

柯伊伯带

奥尔特云

图 22.7　太阳系的三个环带

三次陨冰的故事

1955 年 8 月 30 日，美国 15 岁的男孩杰伊尔正在卡士顿城郊外玩耍，忽然一个大冰块落在了他的身旁，"啪"的一声被摔成两截。杰伊尔赶紧俯身拾起来。发现冰块是楔形的，表面凹凸不平。他细心地把冰块保存了起来，送给了卡士顿城的科学家进行研究。经过研究证明，这块 3 千克的冰块来自太空。

1963 年 8 月 27 日，一块大约 5 千克的大冰块落在了莫斯科郊外的集体农庄里，把一位正在田间劳动的妇女吓坏了。她的惊叫声引得很多人过来观看，眼睁睁地看着冰块渐渐融化了。苏联科学院闻讯赶来，汲取了融化的水。经过几个月的研究，证明这块冰来自太空。

1983 年 4 月 11 日中午 12 时 50 分，在我国江苏省无锡市的一个闹市区，一位执勤的民警看见前方一块异物呼啸而下，它斜擦着一根水泥电线杆子，掉在了一位老年妇女身旁，把她吓呆了。路人围了上来，只见一片碎冰块，多数像拳头一样大，有的直径 10 厘米，有人捡起来看看，灰白相间，与普通的冰不同。

有人还放进嘴里尝尝，立即吐了出来，说："涩！涩！"

　　5 分钟之后，《无锡日报》的记者赶来了。对看到落冰的人们进行了采访。13 时 05 分，下起了毛毛细雨。1 个多小时以后，无锡气象站的一位工程师赶到现场，但冰块已经全部融化了。只有《无锡日报》对于此事做了详细报道。

　　我国的天文学家看了报道后，纷纷指出，这块冰很可能是天外来客，有的连夜赶到无锡市，经过努力寻找，找到了一位老大娘保存下来的半碗冰水，经过化验证明，它和普通的冰水有明显的不同。

　　最后，从当天的"诺顿 7 号"卫星的云图上得到了证明。在云图上有一条明显的"高温轨迹线"，这条高温线有 400 千米长，轨迹线的尾部正好指向了无锡市上空。原来这块大冰至少有一吨重，在被地球吸引后，向地面坠落，坠落的速度为每秒十几千米，比炮弹的速度快 10 倍以上，与空气摩擦产生了高热，绝大部分融化成为水蒸气，只剩下一个几千克的冰核掉在了地上。

图 22.8　陨冰

课后实践

在亲戚朋友间开展调查

1. 你出生在哪里？

2. 从你出生以后，走过的最远的地方是哪里？大约有多少里程？

3. 绕地球一周是 40 000 千米，你走过的这个里程是地球圆周的多少分之一？

4. 从地球到太阳的距离是 149 600 000 千米（1 个天文单位），你走过的这个里程是 1 个天文单位的多少分之一？

发挥你的想象，画一幅画：《我乘飞船畅游太阳系》。把本课学习的知识全部容纳进去。

第 23 课

世界通行的三种历法

　　人类的一切活动都是在一定的日期里进行的，自古以来，不论是哪个国家、哪个民族都离不开日历。到了现代，日历已经成为我们的好伙伴，它可以帮助我们有条不紊地安排生活、工作、娱乐和学习，农民也用日历预告的节令来安排播种和收割。如果我们仔细地看一看，就会发现每一天的日历所包括的内容大致都是相同的：处在上面的是某年、某月（大月和小月）、某日、星期几。这属于世界通用的公历，或称作阳历。下面是我国使用的农历，也有与阳历不同的某年、某月（大月或小月）、某日。

　　日历是天文学家根据日月星辰的运行编排出来的。至今世界通行的日历有三种：阳历、阴历、阴阳历。

　　首先说阳历。地球围绕太阳转一周的时间是 365 日 5 小时 48 分 46 秒，我们把这段时间称作阳历的一年。平年每年有 365 天，闰年为 366 天，在 2 月末尾插进一天。每 4 年当中有一个闰年，安排在能够被 4 整除的年份（如 2016 年、2020 年、2024 年）。但是，到了整百的年份（如 2100 年、2200 年、2300 年、2400 年）就必须要被 400 整除才能设为闰年。在 400 年中，设 97 个闰年，就把每年的尾数——5 小时 48 分 46 秒处理妥当了。阳历能够准确地反映一年四季的气候变化，但是不能够反映月相变化。

　　第二，阴历。阴历是以月相变化周期为标准所制定的历法。月亮圆缺变化的周期是 29.53 日，于是规定大月 30 天，小月 29 天，平均每月大致为 29.5 天，这样的月份叫做"朔望月"。在一年中设 12 个朔望月，每年平均有 354 天或 355 天，这样的日历能够准确地反映月相变化。知道了日期，就知道了月相，为人们的夜生活带来方便。但是它一年只有 354 天，比阳历少 11 天，每过 3 年就差了一个多月，会使四季冷暖与月份发生错乱，因此在当前只有伊斯兰教用于祭祀节日的"回历"还在使用它。

　　第三，阴阳历。它是上面两种历法综合起来的日历，采用了"阴月阳年"的方法，每月的日期准确地反映了月相变化，"初一的月亮看不见，初二、初三一条线……"为了准确地反映四季变化，它设置了"闰年"。每个平年有 12 个月，354 天；闰年有 13 个月，384 天。这样，在 19 年中插进 7 个闰月，

平均起来，每年也和阳历的天数一致。这就是我们使用的"农历"。从夏朝至今，几千年来，我们一直使用这种日历。春节、春龙节、端午节、中秋节、登高节也都在农历当中。

拓展阅读

"星期"是怎么来的？

"星期"可以简单地理解为"星星的日期"：星期日为"太阳日"，星期一为"月亮日"，星期二为"火星日"，星期三为"水星日"，星期四为"木星日"，星期五为"金星日"，星期六为"土星日"，这些名称最早起源于公元前 7 至公元前 6 世纪的古巴比伦。他们建造七星坛祭祀星神。七星坛从上到下依次为日、月、火、水、木、金、土 7 个神，巴比伦人每天都以一个神来命名，一直沿用至今。

"阳历、农历 19 年回归"的规律

从上面的内容知道，阳历和农历都是在 19 年中包含着同样的天数——6 940 天，因此，两种日历之间存在着"19 年回归"的规律。例如，每个人都有两个生日，一个是阳历的生日，一个是农历的生日。一个人从出生的那一天起，每过 19 年，这两个生日就会重合在同一天。就是说，在他 19 岁、38 岁、57 岁、76 岁、95 岁过生日时，阳历、农历的两个生日在同一天过。这样的机会可不多呀！

课后实践

创造一种日历

现在，有很多人提出了历法改革的方案，比如有人提出把星期融入阳历中。一年中设 13 个月，每个月有 28 天（正好是 4 个星期），每月都是星期日开头，

星期六结束。这样的 13 个月共有：

28×13=364（日）

剩下的一天为"新年日"，闰年有两天为新年日。

还有的人提出把二十四节气融入日历。立春为 1 月的开始，惊蛰为 2 月的开始……小寒为 12 月的开始。

现在你动动脑筋，设计出一种可行又方便的日历来。

Lesson 24

第 24 课

二十四节气

春雨惊春清谷天，夏满芒夏暑相连，

秋处露秋寒霜降，冬雪雪冬小大寒。

每月节气日期定，最多不差一两天，

上半年在六、廿一，下半年在八、廿三[1]。

这首《二十四节气歌》几乎人人会背，是我国古代流传至今的科学文化遗产。

⭐ 二十四节气的来源

我国是农业发展最早的国家之一。我们的祖先在长期农业生产中体验到了适时播种、适时收割的重要性。为了不误农时，早在2 700多年前，他们发明了"立杆测影"的方法，用来测量太阳在一年中光照的变化。把一年里中午日影最长、太阳最低的一天叫作"冬至"，这是产生的第一个节气。到了2 400多年前又把中午日影最短、太阳最高的一天确定为"夏至"。后来又把这两个节气中间的日子定为春分和秋分，这样就有了4个节气（简称"二分""二至"）。再继续测量，在这4个节气的中间插入了立春、立夏、立秋、立冬这四个节气（简称"四立"）。到了2 100年前二十四节气的名称基本完善了。在公元前132年《淮南子》一书明确记载了这二十四个节气的名称。

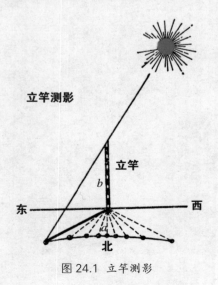

图 24.1　立竿测影

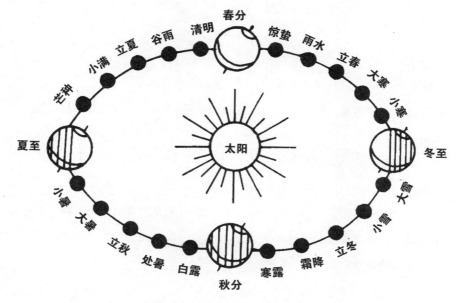

图 24.2 地球公转和二十四节气

　　那时候，人们还不知道地球围绕太阳公转的原理。实际是地球每年围绕着太阳公转一周为 360°，地球从春分那一天开始，每运行 15° 交一个节气。这样把阳历的一年划分成了二十四个节气。

二十四节气的意义

　　二十四节气中的每一个节气都有它特定的含意，下面用简洁的语言说一说。

立春

　　立春在阳历 2 月 4 日前后到来，从此气温上升，大地回春，农民开始下地耕种。民间有在这一天吃"春饼"、喝"春酒"的习俗。

雨水

　　这个节气交在阳历的 2 月 19 或 20 日。从此天气渐渐暖和了，平均气温回

升到了 0℃ 以上，由下雪转为下雨，因此叫"雨水"。

惊蛰

这个节气交在阳历 3 月 5 日或 6 日，是一个非常生动的名称。天气暖和了，开始听到第一声春雷，惊醒了那些正在冬眠的动物们。它们结束了蛰伏期，开始回到地面活动了。

春分

这个节气交在阳历 3 月 20 日或 21 日。这一天太阳直射赤道，南、北半球光照相等，日夜平均。过了这一天，北半球的白昼一天天地长于黑夜，气温明显升高，万物欣欣向荣。

清明

清明交在阳历 4 月 5 日或 6 日。此时阳光明媚，风和日丽，杨柳垂丝，绿草如茵，是人们扫墓祭祖、踏青旅游的好时节。

谷雨

这个节气是"雨生百谷"的意思，交在每年的 4 月 20 日或 21 日。此时气温上升，雨量增加，各种作物日渐茂盛。

立夏

立夏表示夏天的开始，交在阳历 5 月 5 日或 6 日。此时气温明显升高，雷雨增多，作物生长旺盛，连孩子们的身高也在显著增加。

小满

小满节气交在阳历 5 月 20 日或 21 日，此时小麦的麦粒好像饱满了，但还未成熟。大面积的麦田绿浪翻滚，呈现出丰收的景象。

芒种

芒种节气交在阳历 6 月 6 日或 7 日。此时麦子已经成熟，颗粒饱满，并长出了尖尖的麦芒。农民们忙着收割和播种。

夏至

这个节气交在阳历 6 月 21 日或 22 日，这一天太阳直射北回归线，白昼最长，黑夜最短。过了这一天，太阳直射点开始南移，白昼一天天变短。

小暑

这个节气交在阳历 7 月 7 日或 8 日。意味着炎热的天气从此开始，但还没有到达最热的程度。此时雨水增多，农作物生长很快。

大暑

此节气交在阳历 7 月 22 日或 23 日。此后进入"三伏天"，到了一年中最热的时候。此时雨水多，湿气重，闷热难耐，有"蒸桑拿"的感觉。

立秋

此节气交在阳历 8 月 7 日或 8 日。标志着秋季的开始，但此时依然很热，"秋老虎"横行，唯有每天早晨和晚间比较凉爽。

处暑

此节气交在阳历 8 月 23 日或 24 日。"处"有隐退的意思，暑气开始消去，夜间凉爽舒适，只有中午前后较热。

白露

此节气交在阳历 9 月 7 日或 8 日。气温下降得越来越快，到了夜间水汽凝结成了露水，在清晨的植物上泛着白光，故称白露。

秋分

此节气交在阳历 9 月 23 日或 24 日。这一天太阳直射赤道，南、北半球光照相等，日夜平均。过了这一天，北半球的白昼短于黑夜，气温明显下降，花谢了，叶落了，种子成熟了。

寒露

此节气交在阳历 10 月 8 日或 9 日。此时气温降低，雨水渐少，进入了草木衰败、百花凋零的深秋。唯有菊花开得很盛。

霜降

此节气交在阳历 10 月 23 日或 24 日。这时的最低气温降到了冰点以下，水汽会在草木、屋脊之上凝结成一层白霜。

立冬

此节气交在阳历 11 月 7 日或 8 日。标志着冬季的开始，此时温度持续下降，水面已经结冰，树叶纷纷飘落，只有枫叶正红。

小雪

此节气交在阳历 11 月 22 日或 23 日。气温明显下降，从天而降的水分结成雪花，纷纷飘落，但下的雪不会很大，而且落地就融化成水。

大雪

此节气交在阳历 12 月 7 日或 8 日。"小雪封地，大雪封河"，寒冷的北国千里冰封，万里雪飘。天降大雪有利于来年的庄稼生长。

冬至

此节气交在阳历 12 月 22 日或 23 日。这一天，太阳直射南回归线，北半

球这时白昼最短、黑夜最长，天津地区的白天只有 9 个小时 25 分钟。

小寒

此节气交在阳历 1 月 5 日或 6 日。此时已经天寒地冻，万物凋零，外出要穿防寒服，但还没有到达最冷的程度，所以叫小寒。

大寒

此节气交在阳历 1 月 20 日或 21 日。此时到了一年中最冷的时候，北风呼啸，大雪狂飞，冰凌倒挂，滴水成冰，唯有梅花含苞怒放，傲视霜雪。

以上所说的二十四节气可以分成 3 类：第一类是反映季节交替的，第二类是反映气候特征的，第三类是反映动植物表现和自然现象的。你可以凭着自己的聪明智慧把 24 个节气一一归类。

"三伏"和"九九"

"三伏"和"九九"属于"杂节气"。

"三伏"是指我国广大地区每年夏季一段酷热难耐的时期，"伏"字是"隐蔽起来躲避盛暑"的意思。关于伏天的历史，在汉代司马迁的《史记》中就有记载。三伏分为头伏、中伏、末伏。从夏至以后的第三个"庚日"起的 10 天为头伏，接着为中伏，中伏有的是 10 天，有的是 20 天（这样安排是为了"立秋之后还要有一伏"），末伏有 10 天。

冬天的"九九"是对应着夏季的三伏而设的。从冬至开始为一九的第一天，直到九九数尽，共有 81 天。九九里的三九最为寒冷。在天津、北京地区的"九九歌"说道：一九二九冰上行走，三九四九掩门叫狗，五九六九袖内拱手，七九河开，八九燕来，九九加一九，耕牛遍地走。

名词解释

【1】这是说每个节气到来的日期在阳历上半年为每个月的 6 日或 21 日前后，下半年在 8 日或 23 日前后。

课后实践

1. 背诵课文开始的《二十四节气歌》。

2. 根据《二十四节气歌》从立春开始，按照顺序写出二十四节气的名称。

3. 把二十四节气按照前后写一篇小文章，题目为《我们这里的节气和气候变化》。